油气藏渗流理论与开发技术系列

稠油开采复杂渗流理论与开发技术

朱维耀　束青林　岳　明　著

科学出版社

北京

内 容 简 介

本书针对稠油油藏流体流动规律复杂和高效开发及提高采收率难的问题，通过实验、计算、理论推导和实际应用相结合的方法，系统建立了稠油开采复杂渗流理论，提出了高效开发方法和提高采收率技术，主要包括稠油非达西渗流规律，稠油蒸汽吞吐渗流模型及开发方法，热化学驱稠油和气水交替驱稠油渗流理论与开发方法，水驱普通稠油转开发方式提高采收率方法等；重点介绍蒸汽-泡沫体系驱、薄层稠油油藏径向钻孔蒸汽吞吐、微生物驱稠油渗流理论与提高采收率方法；另外，书中还介绍了这些理论与方法在工程技术中的应用等。

本书适合油气田开发领域的科研人员和工程技术人员及相关专业的大专院校师生参考使用。

图书在版编目(CIP)数据

稠油开采复杂渗流理论与开发技术 / 朱维耀，束青林，岳明著. —北京：科学出版社，2023.12

（油气藏渗流理论与开发技术系列）

ISBN 978-7-03-077815-4

Ⅰ．①稠⋯ Ⅱ．①朱⋯ ②束⋯ ③岳⋯ Ⅲ．①稠油开采-研究 Ⅳ．①TE345

中国国家版本馆CIP数据核字(2023)第245624号

责任编辑：万群霞 崔元春 / 责任校对：王萌萌
责任印制：师艳茹 / 封面设计：无极书装

科 学 出 版 社 出版

北京东黄城根北街 16 号
邮政编码：100717
http://www.sciencep.com

北京中科印刷有限公司 印刷
科学出版社发行 各地新华书店经销

*

2023 年 12 月第 一 版 开本：720×1000 1/16
2023 年 12 月第一次印刷 印张：14
字数：277 000

定价：160.00 元

（如有印装质量问题，我社负责调换）

前　言

我国稠油资源丰富，探明和控制储量继美国、加拿大和委内瑞拉之后在世界上排第四位。我国稠油资源重点分布在胜利、辽河、河南、新疆等油田，截至 2022 年 8 月，在 12 个盆地发现了 70 多个稠油油田。我国陆上稠油资源量约占石油总资源量的 20%以上，国内每年的稠油产量约占原油总产量的 10%。随着我国国民经济的快速发展和对石油需求量的不断增加，亟待加大对稠油资源的开发。稠油流体黏度均高于普通油藏原油黏度，其属于非牛顿流体，流动性差，采用常规水驱稠油方法存在困难，常规油藏的开发方法对其不适用，开采难度增大。通常采用物理加热降低黏度、化学剂降黏、微生物降黏及物理与化学相结合等方法来提高采油速度和采收率。由于稠油开采中多相流体性质发生变化、各种物理化学作用凸显、渗流机理复杂，以往的理论和认识存在不足，局限于线性渗流理论和组分对流扩散方程组合，以及修正原油黏度的线性渗流方程上，对流体与介质变化的特性表达较少，未能给出反映稠油复杂渗流机理的非线性渗流理论；特别是缺乏对新方法、新技术的描述，制约了人们对稠油开发规律性的认识和新技术的推广。为此，需要针对稠油油藏非牛顿流体渗流、开发方法、提高石油采收率等具有挑战性的理论和技术难点，围绕复杂渗流机理、非线性渗流理论、开发方法和相关工艺技术展开创新性工作，系统形成稠油开采复杂渗流理论，解决稠油开采中的关键技术难题，从而在油田现场推广应用，大幅度提高采收率，推动稠油高效开发。

本书著者在跟踪国内外理论和技术研究的基础上，经过多年创新和积累，通过室内渗流物理模拟实验、理论方程建立、数值模拟计算和现场实际应用相结合的方法建立了反映稠油开采复杂渗流机理的非线性渗流理论，并取得了原创性成果。该理论经矿场大范围工业化应用和验证，取得了较好的开发效果。本书旨在反映稠油开发领域的最新科技研究成果，解答了稠油开发中诸多认识不清的问题。全书共 9 章：第 1 章和第 2 章介绍稠油的基本特征及开采方法、稠油非达西渗流规律；第 3 章介绍稠油蒸汽吞吐渗流模型及开发方法；第 4 章和第 5 章介绍蒸汽-泡沫体系驱稠油非线性渗流理论与开发方法、薄层稠油油藏径向钻孔蒸汽吞吐渗流理论与开发方法；第 6 章介绍热化学驱稠油非线性渗流理论与开发方法；第 7 章介绍气水交替驱稠油渗流理论与开发方法；第 8 章介绍微生物驱稠油渗流理论与提高采收率方法；第 9 章介绍水驱普通稠油转开发方式提高采收率方法。另外，书中还介绍了具体理论和技术的实际应用。

目前已出版的渗流理论、油气藏工程类图书涉及上述内容的较少，因此希望本书能对油气田开发领域的科研人员和工程技术人员及相关专业的大专院校师生在油气藏开发的学习和应用中起到积极的作用，也希望对油田的开发起到推动作用。

感谢第一著者的博士研究生李华、刘凯等为本书的出版所做的大量贡献，也感谢科研团队的同事对本书给予的支持和帮助。

由于时间仓促及著者水平有限，书中难免存在不妥之处，恳请读者批评指正。

作　者

2023 年 3 月 15 日

目　　录

第1章 稠油的基本特征及开采方法

本章简要概述稠油的基本定义及分类标准，以及我国稠油油藏的基本油藏条件，并从稠油冷采和稠油热采两个基本类别，对常见及新兴的稠油油藏开发方法进行了简要介绍。

1.1 稠油的特性和分类标准

1.1.1 稠油定义及分类标准

稠油，即高黏度重质原油，是指在油层温度下脱气原油黏度大于100mPa·s，相对密度大于0.92的原油[1-3]。国际上通常将稠油称为重油（heavy oil），将黏度极高的重油称为天然沥青砂（natural bitumen）或沥青砂油（tar sand oil），不同的名称反映了针对它们特性的两种指标。

1976年6月在加拿大召开的第一届国际重油及沥青砂学术会议上，讨论了重油相关的定义及分类标准，指出：重油是指在原始油藏温度下脱气原油黏度在 $10^2 \sim 10^4$ mPa·s，或者在15.6℃及一个标准大气压下密度为 $934 \sim 1000$ kg/m³ 的原油。

1982年，联合国训练研究所（The United Nations Institute for Training and Research，UNITAR）主持在委内瑞拉召开的第二届国际重油及沥青砂学术会议，给出了重油及沥青的定义与标准，认为重油和沥青砂油（沥青）是天然存在于孔隙介质中的原油或类似原油的液体或半固体。这种油可以用黏度和密度来表示其特性，该标准将原油黏度作为第一指标，原油相对密度作为第二指标。以黏度作为主要的分类方法表明了稠油在油藏中的流动特性和开采潜力。重油的黏度下限为100mPa·s，上限为10000mPa·s，黏度超过10000mPa·s的是沥青。

考虑我国稠油的特点：胶质含量高达20%～40%，沥青含量较少，一般为0%～5%，因而其和国外的稠油相比，黏度较高，而相对密度低[4,5]。1987年，石油工业部给出了我国稠油分类的试行标准（表1-1）。

我国稠油黏度较高，相对密度较低，在分类标准中原油相对密度的界限要比联合国训练研究所的低。

1.1.2 稠油资源分布及开采状况

世界重油资源巨大，美国地质调查局（USGS）2003年数据表明，全球剩余重油

表 1-1　我国石油行业稠油分类试行标准(1987 年)

稠油分类			主要指标黏度 /(mPa·s)	辅助指标 相对密度(20℃)	开采方式
名称	类别				
普通稠油	Ⅰ		50*～10000	>0.92	先注水再热采
	亚类	Ⅰ-1	50～150*	>0.92	热采
		Ⅰ-2	150～10000	>0.92	热采
特稠油	Ⅱ		10000～50000	>0.95	热采
超稠油	Ⅲ		>50000	>0.98	热采

*指油层条件下黏度,其他指油层温度下脱气原油黏度。

地质储量约 32655×10^8 bbl[①],可采储量约 4313×10^8 bbl;天然沥青砂油地质储量约 26133×10^8 bbl,可采储量约 6507×10^8 bbl,占世界石油可采总量的 32%[6-8]。重油和天然沥青砂油的可采储量之和略高于全球稀油的剩余可采储量 9520×10^8 bbl。而美国哈里伯顿(Halliburton)公司 2004 年的非常规储量专项报告中指出,仅加拿大和委内瑞拉的重油和天然沥青砂油的地质储量就接近 40000×10^8 bbl。可见稠油在世界油气资源的构成中占有极其重要的地位。稠油资源分布广泛,几乎分布在所有产油国家,稠油资源丰富的国家有加拿大、委内瑞拉、美国、俄罗斯等,从全球各地区拥有的剩余重油和天然沥青砂油资源量看,南美地区居首位,其次是北美、中东地区(表 1-2)。从目前各国拥有的稠油剩余可采储量看,委内瑞

表 1-2　全球重油和天然沥青砂油资源统计

地区	储量合计 /10⁹bbl	重油			天然沥青砂油		
		技术可采储量/10⁹bbl	地质储量 /10⁹bbl	占总技术可采储量的百分比/%	技术可采储量/10⁹bbl	地质储量 /10⁹bbl	占总技术可采储量的百分比/%
北美	1844.9	35.3	185.8	5.1	530.9	1659.1	81.6
南美	2044.9	265.7	2043.8	61.2	0.1	1.1	—
非洲	470	7.2	40	1.7	43	430	6.6
欧洲	34.1	4.9	32.7	1.1	0.2	1.4	—
中东	651.7	75.2	651.7	18	0	0	0
亚洲	475.9	29.6	211.4	6.8	42.8	267.5	6.6
俄罗斯	362.3	13.4	103.1	3.1	33.7	259.2	5.2
全球	5886.8	431.3	3265.5	—	650.7	2615.3	—

① 1bbl=1.58987×10^2 dm³。

拉为 2700×10^8 bbl，位列第一；加拿大为 1740×10^8 bbl，位列第二；俄罗斯、伊朗次之。近年来，我国通过加强对重油的研究，重油的探明和控制储量逐步增加，主要集中在渤海湾盆地和新疆克拉玛依油田[9]。

我国稠油资源分布很广，储量丰富，陆上稠油、沥青资源约占石油总资源量的 20%以上，预测资源量 198×10^8 t，其中最终可探明的地质储量为 79.5×10^8 t，可采储量为 19.1×10^8 t，截至 2022 年 8 月已经在松辽盆地、二连盆地、渤海盆地、南阳盆地、江汉盆地、四川盆地、珠江口盆地等 12 个盆地发现了 70 多个稠油油田。目前，稠油储量最多的是东北的辽河油田，其次是东部的胜利油田，然后是西北的新疆克拉玛依油田。最近几年在吐哈盆地、塔里木盆地也发现了深层稠油资源[10]。

我国陆上稠油油藏多数为中生代的陆相沉积，少量为古生代的海相沉积。油藏类型多，地质条件复杂，以多层互层状组合为主，有约三分之一的储量为厚层块状油藏。储层以碎屑岩为主，具有高孔隙、高渗透、胶结疏松的特征。一般分布在各含油气盆地的边缘斜坡地带及边缘隆起倾没带，也有分布于盆地内部长期发育的断裂带隆起上部地垒上的。油藏埋藏深，油藏埋深大于 800m 的稠油储量占已探明储量的 80%以上，其中有一半以上的油藏埋深为 1300～1700m。稠油与常规轻质油藏有共生关系，受二次运移中生物降解及氧化因素的影响，在一个油气聚集带中，从凹陷中部向边缘原油逐渐变稠。陆相重油，由于受成熟度较低的影响，沥青含量较低，胶质成分高，因此相对密度较低，但黏度较高。多数稠油油藏为砂岩油藏，其沉积类型一般为河流相或者河流三角洲相，储层胶结疏松，成岩作用低，固结性能差，所以生产井中容易出砂。概括而言，我国稠油油藏具有埋藏深、黏度大、胶结疏松、样品易散即"深、稠、松、散"等特点。

随着世界经济的不断发展，全球的能源消耗持续增长，全球的能源消耗量在 1995～2015 年上升 54%，而在发展中国家上升 70%，同期内能源消耗增长最显著的集中在亚洲的发展中国家，最主要的就是中国和印度，在这两个国家能源需求量升高 129%[2,4]。而且今后人们所依赖的主要能源资源仍然是石油、天然气和煤炭，在 2015 年，这几类资源的消耗量占到世界总能源消耗量的 88%。然而，世界常规油产量在 2015 年左右达到峰值，此后逐年下降，由于常规能源的短缺和油价持续攀升，非常规油资源的商业化开采便起到举足轻重的作用，尤其是稠油、超稠油和沥青砂资源。世界原油储量组成中稠油、沥青砂的储量占 70%，而常规原油仅占 30%（图 1-1）。

中国的原油消费量在世界排名第 2 位，仅次于美国，而国内的原油产量远不能满足需求量，2022 年我国石油对外依存度为 71.2%，这一方面是由于我国的石油资源量接替不足，另一方面是由于技术因素制约了生产。

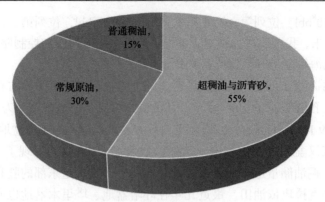

图 1-1　世界原油储量组成[3]

1.1.3　稠油油藏条件

稠油油藏的形成主要受盆地后期抬升活动、细菌生物降解作用、地层水洗和氧化作用，以及烃类轻质组分散失等诸因素影响，而晚期构造运动是主导因素，其他因素是在这一地质背景下的地球化学过程。按上述因素可将稠油油藏分为风化剥蚀、边缘氧化、次生运移和底水稠变四种成因[11,12]。

1. 风化剥蚀成因油藏

该类油藏主要分布在后期构造抬升活动强烈发育的盆地，该类盆地具有早期沉陷、后期衰退的特点，早期形成的古油藏抬升而接近地表，或者古油藏盖层封堵条件遭受不同程度破坏，天然气和烃质组分大量溢散，液态烃经受地层水的水洗作用或地表风化作用，形成重油或软沥青，如渤海湾盆地黄骅拗陷南部枣园重油油田就是较为典型的实例。

2. 边缘氧化成因油藏

该类油藏主要分布在盆地和凹陷斜坡边缘，油藏类型以地层型或地层岩性封闭为主。在盆地后期构造抬升过程中，盆地边缘急剧上升，边缘斜坡带成为油气大规模运移和聚集的指向，油源主要来自盆地内部生油区，油气沿地层不整合面或稳定砂体向上倾方向运移，进入盆地边缘地层水交替带，原油发生严重的生物降解作用，沿地层倾斜方向自下而上原油生物降解程度和物理性质有一个明显的变化规律，下倾部位原油具有原生性，上倾部位原油均发生不同程度的生物降解作用，油质变重变稠，甚至在盆地边缘部位形成软沥青，有利于重油油藏形成。这类油藏一般规模较大，广泛分布在盆地或凹陷边缘，如中国东部许多盆地西坡和中国西部许多盆地西缘的重油油藏，如准噶尔盆地西北缘的克拉玛依—夏子街重油油藏分布带。

3. 次生运移成因油藏

广泛分布于东部古近系断陷盆地，主要为各盆地上部构造层渐新统含油层系，平面上分布在凹陷各个部位的逆牵引背斜和披覆构造圈闭中，含油层系属于河流沼泽相粗碎屑岩，为高孔隙高渗透层，油源主要来自下伏的或相邻的渐新统。由于后期断裂构造活动，这些构造圈闭形成于上新世末期，与古新统生油岩成烃和在最后一次运移聚集期相互依附，沿不整合面或断裂在浅层形成次生重油油藏。这类油藏具有埋藏浅、物性好、油气丰度高等特点，并与下伏的原生性油藏有十分密切的亲缘关系。这类油藏在中国东部许多盆地中分布广泛，如歧口凹陷的港东和羊三木重油油藏。

该类油藏的特点：沿断裂带垂向运移，沿着油气运移方向油气水性质有规律地变化。自下而上地层水矿化度降低，天然气甲烷含量增加，原油密度、黏度、胶质和沥青质含量显著增高，生物降解严重。

一般邻近油源的油藏原油生物降解作用极不明显。上部次生油藏原油的正构烷烃、异戊间二烯烷烃（姥鲛烷和植烷）已开始消失，发生轻微生物降解，它们之间原油的正构烷烃开始逐渐消失，而姥鲛烷和植烷渐趋明显。这种次生运移成因重油油藏一般都位于原生性常规油藏的上部，并有一定的共生关系。

4. 底水稠变成因油藏

在块状油藏中，由于底水较活跃，油水接触面大，经长期的、缓慢的水洗作用，油藏下部的原油经受细菌降解作用逐渐改造为稠油油藏。在纵向上原油密度下大上小，有时还有气顶，如沾化凹陷孤岛油田和辽西凹陷高升油田。

1.2　稠油开采方法

稠油开采技术分为冷采和热采两大类，热采是稠油开采的主要技术手段[13-16]。目前，蒸汽吞吐、蒸汽驱、热水驱、蒸汽辅助重力泄油（SAGD）、火烧油层是世界上 5 种成熟的稠油热采开发技术。稠油开发的新兴技术还包括沥青蒸汽萃取（VAPEX）、水平井和井下蒸汽发生器等新技术。

1.2.1　稠油冷采采油方法

1. 出砂冷采技术

稠油出砂冷采（cold heavy oil production with sand，CHOPS）技术是从加拿大发展起来的一项稠油开采技术。对产能很低甚至没有生产能力的稠油油藏进行出砂冷采，单井产量可达到 5～15t/d。而对于在地下本身就具有一定流动能力的稠油油藏，出砂冷采可较大幅度提高油井的生产能力。稠油出砂冷采机理比较复杂，主要包括井底附近"蚯蚓洞"的形成和扩展机理、"泡沫油"的流动作用机理。一方面，经过出砂冷采，在油层中产生"蚯蚓洞"网络，使油层的孔隙度和渗透率提高，所产生的"蚯蚓洞"的直径可达 10～30mm，极大地提高了稠油的流动性；另一方面，稠油中少量溶解气在其流动过程中产生小气泡，形成泡沫油流动，提高了原油的流动性，同时增加了原油流动的动力，并可保持"蚯蚓洞"的稳定。出砂冷采最突出的优点为投资少、产能高、见效快、风险小，经过半年或一年的出砂，就可达到高峰产量。目前出砂冷采的接替技术尚未成熟，转注蒸汽或注水开发，无法解决由"蚯蚓洞"带来的窜流问题。

2. 化学剂降黏开采技术

在地层条件下，稠油与油包水（W/O）型乳状液的黏度非常高，很难发生流动。表面活性剂可以通过对稠油的破乳和乳化作用，达到稠油降黏效果。其机理为活性剂首先使 W/O 型乳状液破乳，生成游离水、"水套油心"和悬浮油，使地层流体黏度降低。随后，表面活性物质使 W/O 型乳状液反转为水包油（O/W）型乳状液，由于水的黏度远远低于稠油黏度，形成 O/W 型乳状液后，与稠油相比，流体的黏度最多可降低 80%～90%。

碱驱最早是由美国人 Atkinson 提出的，20 世纪 80 年代初开始对其进行研究与应用。碱驱机理是原油中的酸性物质（如环烷酸、沥青酸、芳香酸和脂肪酸）与注入的碱性物质发生反应，生成 O/W 型的乳化剂。稠油在乳化剂作用下与水形成 O/W 型乳状液，从而起到乳化捕集和夹带、调整驱替剖面的作用，提高驱油效率和波及系数[17]。

油溶性降黏剂分子结构主要由含极性基团的侧链和高碳烷基的主链组成。主链可以使降黏剂分子溶于油中，侧链的极性基团能与胶质、沥青质中的极性基形成更强的氢键，从而可以渗透、分散到胶质和沥青质片状分子之间，拆散在平面上重叠堆砌的聚集体，使分子结构变得松散，从而降低原油的内聚力，达到稠油降黏的效果。当降黏剂分子吸附在这些分散开的胶质和沥青质表面时，可以阻止分散开的颗粒重新聚集，提高整个流体体系的流动性，从而进一步降低整个体系的黏度。

3. 注 CO_2 开采技术

注 CO_2 开采技术至今已有几十年的历史。自 1950 年，注 CO_2 提高采收率（EOR）方法就在实验室和现场得到了大规模的研究，与其他稠油开采试剂相比，CO_2 注入地层后主要通过 9 方面的作用来实现地层稠油的开采：降低原油黏度、降低油水界面张力、减少流动阻力、改善油水流度比、原油体积膨胀作用、酸化解堵作用、提高注入能力、压力下降引起的溶解气驱作用、萃取和汽化原油中的轻质烃。

1.2.2 稠油热采采油方法

1. 蒸汽吞吐

蒸汽吞吐是稠油热采最主要的开发方式之一，它以单井为生产单元，将高温高压湿饱和蒸汽注入油层，焖井数天加热油层，然后开井进行生产。蒸汽吞吐的优点为作业较简单、产油速度高、见效快，一般其采收率为 20%左右。

2. 蒸汽驱

蒸汽驱是所有 EOR 方法中最为有效，且在国外也是应用最为广泛和成功的热采技术。蒸汽驱是一种驱动式开采方式，是以井组为生产单元，通过注汽井连续注汽，同时生产井连续采油达到提高采收率的目的。通过注入井不断注入高干度蒸汽，一方面可以加热油层降低原油黏度，另一方面可以补充地层能量。

由 2004 年世界上主要稠油生产国 EOR 项目中的注蒸汽开采情况可知：美国、加拿大、委内瑞拉、特立尼达和多巴哥共和国、印尼和哥伦比亚 6 个国家注蒸汽项目为 108 个，日产油量为 917370bbl。其中油藏埋深小于 600m 的项目有 78 个，占项目总数的 72%左右，日产油量 746740bbl，占项目总产量的 81.4%左右；油藏埋深在 600～900m 的项目为 22 个，占项目总数的 20%左右，日产油量为 151649bbl，占项目总产量的 16.5%左右；油藏埋深大于 900m 的项目仅为 8 个，占项目总数的 7%左右，日产油量为 19011bbl，占项目总产量的 2.1%左右[18]。

3. 热水驱

在蒸汽吞吐和蒸汽驱过程中，蒸汽与地层原油密度及流度比相差过大，容易造成蒸汽重力超覆和在高渗带指进现象，使波及系数降低，蒸汽热效应变差，造成底部油层动用程度差或无法动用，从而影响注蒸汽开采稠油的效果。热水驱可以有效减缓蒸汽吞吐和蒸汽驱中的不利影响，但由于其单位体积携带热量少，在黏度较高的稠油油藏应用时受到限制。

4. 火烧油层

火烧油层是稠油热采中应用最早的一种 EOR 方法。其原理为将含氧气体或空气注入油层，气体通过与有机燃料在油层中反应，产生热量加热油层，从而达到降低原油黏度，在空气的驱动下开采原油的目的。火烧油层的燃烧方式有湿烧和干烧两种，也分为反向燃烧和正向燃烧。由于火烧油层不受油藏埋深限制，对热量利用率高，虽然火烧油层技术与蒸汽驱技术相比更复杂，但其适应油藏范围更加广泛[19,20]。

5. 蒸汽辅助重力泄油

蒸汽辅助重力泄油是以蒸汽作为加热介质，热传导与热对流相结合，依靠稠油及凝析液的重力作用进行开采。蒸汽辅助重力泄油的开采方式有三种：第一种方式是平行水平井，即在靠近油藏的底部钻一对上下平行的水平井，上面的水平井用于注汽，下面的水平井用于采油；第二种方式是水平井与直井组合，即在靠近油藏底部钻一口水平井，在其上方钻一口或几口直井，直井用于注汽，水平井用于采油；第三种方式是单水平井蒸汽辅助重力泄油，即在同一口水平井内下入两套管柱，在水平井最顶端由注汽管柱注汽，使蒸汽腔沿着水平井进行逆向扩展。蒸汽辅助重力泄油技术一般要求油藏埋深不宜太深，油层连续厚度较大，油层具有一定的垂向渗透性且不存在连续分布夹层。蒸汽辅助重力泄油技术虽然已经得到商业化应用，但仍然存在许多技术挑战，如油水乳化、蒸汽干度的影响、汽油比存在局限性及高温作业对泵和油管的影响等。

6. 水平裂缝辅助蒸汽驱技术

水平裂缝辅助蒸汽驱(horizontal fracture-assisted steam flooding, FAST)技术是通过水力压裂在油层下部的合理位置形成可控制的水平裂缝，以解决特稠油、超稠油油藏注汽困难、注采井间难以形成有效热连通的问题，从而实现有效的蒸汽驱开发。由于通过水力压裂形成的热通道是在油层下部的合理位置产生的，蒸汽超覆的作用可以得到充分利用，从而对油层进行有效加热，克服了常规蒸汽驱中蒸汽超覆现象带来的蒸汽波及效率降低的缺点，使蒸汽的热利用率和原油采收率得到有效提高，达到高效高速开发特殊稠油油藏的目的。

根据国外油田现场应用实例，水平裂缝辅助蒸汽驱的实施步骤为先在生产井通过水力压裂形成水平裂缝，在此基础上进行蒸汽吞吐开采，注汽井在形成水平裂缝后，通过高速注汽以实现注采井间的热连通，预热过程结束后，转入常规蒸汽驱开发。

第 2 章　稠油非达西渗流规律

稠油流动能力与流动特性受其组分和黏度的影响，呈现出与常规油藏不同的特征，从而进一步影响开发方式的选择及最终的采收率。本章以稠油最基本的流动特性为研究对象，阐明了稠油流变特征、单相渗流特征、油水两相渗流特征及其影响因素。

2.1　稠油流变特征

2.1.1　稠油流变特征曲线

我国主要以黏度划分稠油，为确定合理的开发方式，必须了解稠油的流变性。稠油的流变性是指黏性流体的流动特征，它主要受石油的组分特别是沥青质和结晶石蜡等含量的影响，对特定的原油来说，其又受剪切速率、温度、压力的影响。

根据流变性质的不同，流体可分为牛顿和非牛顿流体[21,22]。非牛顿流体可进一步分为胀流性流体、拟塑性流体、黏稠性流体和黏塑性流体。其划分依据主要是看其流动性能指数 n 和初始剪切应力 τ_0 的大小，以及剪切速率 γ 与剪切应力 τ 之间的变化关系。不同流体剪切速率 γ 与剪切应力 τ 之间的关系曲线示意图见图2-1。流体类型特征参数见表2-1。

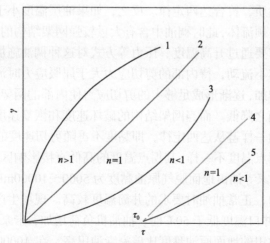

图2-1　不同流体剪切速率 γ 与剪切应力 τ 之间的关系曲线示意图

1-胀流性流体；2-牛顿流体；3-拟塑性流体；4-黏稠性流体；5-黏塑性流体

表 2-1　流体类型特征参数

流体类型		初始剪切应力 τ_0/Pa	流动性能指数 n	流动关系式
牛顿流体		0	1	$\gamma = \tau/\mu$
非牛顿流体	胀流性流体	0	>1	$\gamma = (\mu^{-1} \times \tau)^{1/n}$
	拟塑性流体	0	<1	$\gamma = (\mu^{-1} \times \tau)^{1/n}$
	黏稠性流体	>0	1	$\gamma = (\tau \times \tau_0)/\mu$
	黏塑性流体	>0	<1	$\gamma = [\mu^{-1}(\tau \times \tau_0)]^{1/n}$

注：μ 表示黏度。

通常，牛顿流体的黏度与剪切速率(或流速)无关，而非牛顿流体的黏度则随着剪切速率(流速)的变化而变化。除此之外，非牛顿流体在渗流过程中的黏度会大于地面测定条件下的黏度。当温度降低到一定值后，稠油可从牛顿流体变成非牛顿流体。流变特性转变所对应的温度称"拐点温度"。拐点温度低，反映出原油在较低温度下仍保持牛顿流体的流动特征，即黏度与剪切速率(流速)无关。

原油黏度是最能反映稠油油藏特性的参数，对渗流状态的影响也最为重要。由达西定律可知，流体通过多孔介质的流量大小与流体黏度成反比。根据稠油分类标准，稠油黏度是常规稀油黏度的几百倍到上千倍。某些超稠油(天然沥青)在油藏条件下实际是不能流动的。需要注意的是，黏度在固定温度下是随剪切应力与剪切时间变化的。部分试验表明，剪切应力稍有增加，黏度下降约10%。因此，在测定黏度时，必须记录屈服值随剪切应力的变化值[23,24]。

对普通稠油而言，如果油层温度大于拐点温度，则意味着油流在储层中仍可保持牛顿流体的性质，符合达西定律。反之，如果油层温度小于拐点温度，原油在储层中则为非牛顿流体，此时稠油中含有大量较强网架结构的沥青质粒子微团，具有强结合力，需要通过升高温度、压力等方式对这种稠油施加剪切应力。施加剪切应力之初流体不流动，待内部的剪切应力大于屈服应力时流体才开始流动，随着剪切速度的增加，逐渐形成足够大的剪切应力使内部的网架结构逐渐被破坏，因此流体的黏度随之降低。而当网架结构的破坏速度和恢复速度达到平衡时，这种稠油和普通稀油一样遵从达西定律，即黏度不再随剪切速度的变化而变化[25]。

不同稠油的拐点温度不一样，其拐点温度的高低直接影响区块的开发和生产。例如，胜利油田单家寺油田地面脱气原油黏度为5000~10000mPa·s，流变性拐点温度在80~100℃，正常抽油时要求的井筒温度较高。现场生产资料表明，在日产油量30~40t、井口温度低于50℃时，抽油机负荷增加，卡泵断脱事故常发生。而胜利油田乐安油田的地面原油黏度比单家寺油田高，在10000~20000mPa·s，但其流变性拐点温度低，在50~60℃。所以乐安油田蒸汽吞吐时，日产油量20~

30t、井口温度在 40℃左右时仍能正常抽油生产。这与乐安油田原油能在较低温度下保持牛顿流体密切相关。

总之，对于普通稠油[26-28]：①普通稠油的流变性既有牛顿流体的性质，也有属于非牛顿流体的性质；②对于原油本身的黏度比较低，对温度的敏感性比较弱，地层温度大于黏度-温度曲线拐点温度的稠油，其在地层中属于牛顿流体，流动性能较好，生产能力强，遵从达西渗流规律；③对于原油本身的黏度相对较高，对温度的敏感性比较强，地层温度接近黏度-温度曲线拐点温度或低于拐点温度的稠油，其在地层中属于非牛顿流体，包括低屈服值的宾厄姆流体、低屈服值的拟塑性流体和低屈服值的塑性流体等类型。其流动性比较差，需要进行强化开采，如热采等。

对于特稠油、超稠油，其在地层中的流动性很差，某些超稠油（天然沥青）在油藏条件下实际上不能流动，属于非牛顿流体。这样的油藏需要通过热采方式进行生产。例如，辽河油田曙一区兴隆台油层遮掩的超稠油，原油黏度很高，地层温度低于拐点温度，如果不加热，原油在地层中基本不流动，因此必须进行热力开采[29]。

对于高凝油而言，同种非牛顿流体随温度的升高，非牛顿性变小，具有松弛特性[30]。

2.1.2　稠油黏度影响因素

在稠油体系中，稠油是一个连续分布的动态稳定胶体分散体系，主要由脂肪烃、芳香烃、胶质和沥青质构成，沥青质和附着于其上的胶质作为分散相以胶粒的形式悬浮于油相中，极性和芳香度依次递减的部分胶质、芳香烃和脂肪烃构成分散介质。

1. 温度对稠油流变特性的影响

在温度分别为 35℃、45℃、55℃、60℃、65℃、75℃、85℃、95℃下测得的稠油流变曲线如图 2-2 所示。

从油样在不同温度下的流变曲线可以看出：在同一温度下，剪切应力随着剪切速率的增加而增加，其增加幅度随着温度的降低而加大。但是在各个温度下，剪切应力与剪切速率之间都表现出很好的线性关系，因此可以认为实验所用的稠油属于宾厄姆流体。其原油本构方程可表示为

$$\tau = \tau_0 + \mu_a \gamma \tag{2-1}$$

式中，τ 为剪切应力，Pa；τ_0 为初始剪切应力，Pa；μ_a 为表观黏度，Pa·s；γ 为剪切速率，s^{-1}。

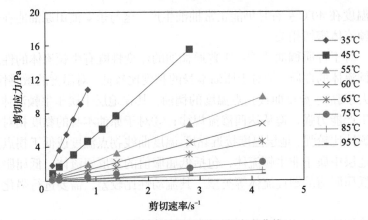

图 2-2　稠油在不同温度下的流变曲线

同时可以看出，存在着一个温度点 T_C，当温度 $T > T_C$ 时，原油流变行为表现牛顿流体的流变特性；当温度 $T < T_C$ 时，原油流变行为表现非牛顿流体的流变特性，存在着一定的屈服值，即流体刚刚开始流动时的最小剪切应力值。称 T_C 为临界温度点。温度高于临界温度点时，表现为牛顿流体的流变行为。

对油样的流变曲线进行线性回归，得到稠油在不同温度下流变曲线所对应的流变方程，见表 2-2。

表 2-2　稠油在不同温度下的流变方程

实验方案	温度/℃	流变方程(τ 的单位为 mPa)	相关系数
1	35	$\tau=139.33+12753\gamma$	0.9999
2	45	$\tau=64.66+5513.2\gamma$	0.9999
3	55	$\tau=2375.2\gamma$	1
4	60	$\tau=1600.6\gamma$	0.9999
5	65	$\tau=1106.1\gamma$	0.9999
6	75	$\tau=539.24\gamma$	0.9997
7	85	$\tau=297.04\gamma$	0.9996
8	95	$\tau=199.98\gamma$	0.9995

屈服值是流变性的一个重要参数，反映了流体塑性的大小，表明流体具有一些固体的性质。当流体所受的剪切应力小于屈服值(即初始剪切应力) τ_0 时，流体只发生有限的塑性形变而不能流动。只有在流体所受的剪切应力大于 τ_0 时，流体才能发生连续的无限的形变即流动。当原油在管道内流动或在地下渗流时，屈服值的大小反映了流动所需的初始启动压力的大小，此值越大，则所需的初始启动压力也就越大。不同温度与稠油的屈服值的关系如图 2-3 所示。

从图 2-3 中可以看出，随着温度的增加，稠油的屈服值逐渐变小，当温度达到临界温度点 T_C 时，其屈服值变为零，稠油则由非牛顿流体转变为牛顿流体。为了找出这一临界温度点 T_C，对变化曲线进行相应的线性回归，处理过程如图 2-4 所示。可得到实验用稠油由非牛顿流体转变成牛顿流体的温度值为 52.97℃。

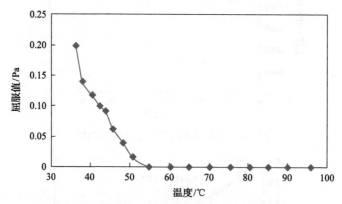

图 2-3 稠油的屈服值随温度的变化关系曲线

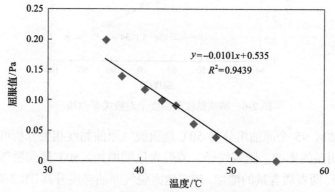

图 2-4 稠油屈服值与温度的变化曲线线性回归

流变性测试结果表明，在较低温度和较低剪切速率下，该稠油表现出非牛顿流体的特征，且表现为具有一定屈服值和剪切变稀特征的宾厄姆流体的特征，随温度的升高，其非牛顿性逐渐减弱，达到一定的温度后转化为牛顿流体的特征。

根据流变曲线可绘出黏温关系，如图 2-5 所示，由图可以看出，当温度降到某一值后，原油黏度急剧增大，该点通常称为反常点。进一步将黏度取对数进行处理(图 2-6)，通过拟合计算可得其反常点温度为 61.8℃。

2. 原油组分及其对黏度的影响

文献[31]统计了胜利油区 687 个样品的组分分析资料和 200 多条黏温曲线资料，根据井号和取样日期进行匹配，研究组分与 50℃地面脱气原油黏度之间的关系，筛选出 95 个既做过组分分析又做过黏温分析的油样，分析其原油组分对原油性质的影响。

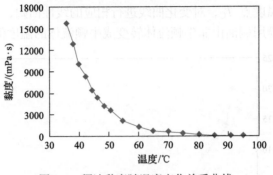

图 2-5　稠油黏度随温度变化关系曲线

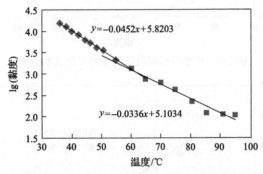

图 2-6　稠油黏度与温度半对数关系曲线

据胜利油区 95 个原油组分与 50℃地面脱气原油黏度相关分析可知,原油组分对黏度有明显的影响。随着烷烃、芳烃含量的增加,50℃地面脱气原油黏度降低,随着非烃、沥青质含量的增加,50℃地面脱气原油黏度升高(图 2-7~图 2-10)。

总体上看,单因素分析的相关系数不高,为了更好地确定每一种组分对 50℃地面脱气原油黏度的影响,采用多因素分析方法进行分析。

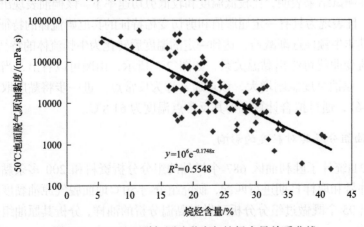

图 2-7　50℃地面脱气原油黏度与烷烃含量关系曲线

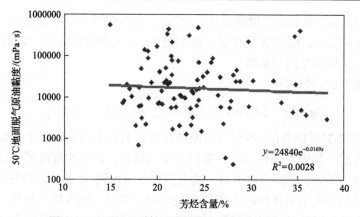

图 2-8　50℃地面脱气原油黏度与芳烃含量关系曲线

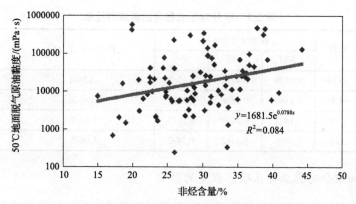

图 2-9　50℃地面脱气原油黏度与非烃含量关系曲线

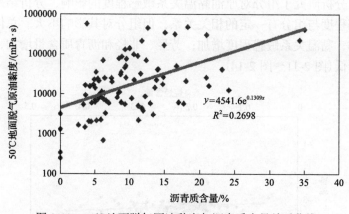

图 2-10　50℃地面脱气原油黏度与沥青质含量关系曲线

用式(2-2)进行回归：

$$\lg \mu_o = A + B_1 f_{al} + B_2 f_{ar} + B_3 f_{nh} + B_4 f_{as} \tag{2-2}$$

式中，μ_o 为 50℃地面脱气原油黏度，mPa·s；f_{al} 为烷烃含量，量纲为 1；f_{ar} 为芳烃含量，量纲为 1；f_{nh} 为非烃含量，量纲为 1；f_{as} 为沥青质含量，量纲为 1；A、B_1、B_2、B_3、B_4 均为回归系数。

用上述方法回归可得

$$\lg \mu_o = 5.29 - 6.15 f_{al} - 4.35 f_{ar} + 3.94 f_{nh} + 3.02 f_{as} \tag{2-3}$$

根据式 (2-3) 可以看出，各组分对原油黏度影响大小的先后顺序为烷烃、芳烃、非烃、沥青质。其中，随着烷烃、芳烃含量的增加，原油黏度降低；随着非烃、沥青质含量的增加，原油黏度升高。结合式 (2-3) 的斜率和各组分的分布区间，四种组分对原油黏度的总体影响大小依次是烷烃、非烃、沥青质、芳烃。其主要原因是，胜利油区原油的芳烃含量相对稳定，其含量变化区间相对较小 (表 2-3)。

表 2-3　组分对原油黏度的影响对比表

组分	系数	各组分分布区间			总体影响大小 (t 值)	影响排序
		下限	上限	大小		
烷烃	−6.15	0.0559	0.4312	0.3753	−2.3081	1
芳烃	−4.35	0.1486	0.3808	0.2322	−1.0106	4
非烃	3.94	0.1492	0.4409	0.2917	1.1497	2
沥青质	3.02	0.0000	0.3492	0.3492	1.0545	3

3. 原油组分对黏温关系敏感程度的影响

原油黏度与温度之间呈线性关系，直线斜率的绝对值可以描述原油黏温关系敏感程度。分析研究了组分对原油黏温关系敏感程度的影响，分析结果显示，黏温关系敏感程度与组分有一定的相关关系，但组分对其影响不大。总体上看，烷烃含量增加，黏温关系敏感程度增加；芳烃、非烃和沥青质含量增加，黏温关系敏感程度降低 (图 2-11～图 2-14)。

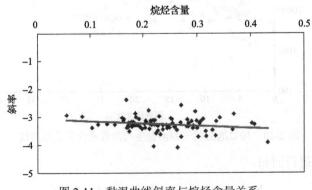

图 2-11　黏温曲线斜率与烷烃含量关系

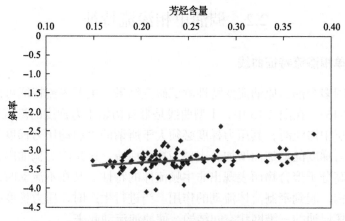

图 2-12 黏温曲线斜率与芳烃含量关系

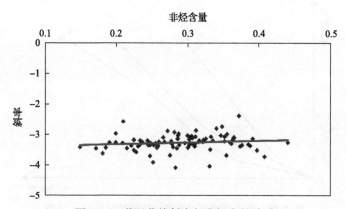

图 2-13 黏温曲线斜率与非烃含量关系

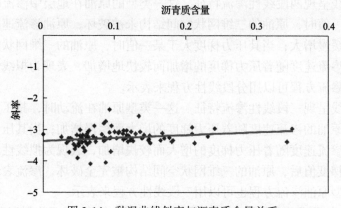

图 2-14 黏温曲线斜率与沥青质含量关系

2.2　稠油单相渗流特征

2.2.1　稠油单相渗流特征曲线

　　根据我国多个油田原油流变特性测试研究结果，主要渗流特征可以归纳为三种类型(图 2-15)。在图 2-15 中，Ⅰ型曲线是带有初始压力梯度的渗流类型，这一类原油在地层中渗流时，其压力梯度必须大于所谓的"启动压力梯度"，且渗流速度随着压力梯度的增加而增加，表现为拟线性流。这是因为稠油因含胶质、沥青质、蜡等高分子聚合物而表现出非牛顿流体的特性。其在不流动时，具有三维网状空间结构，起到牵制流体流动的作用。当进行生产时，压力梯度必须大于某一值才能破坏原油的三维网状空间结构，使原油流动起来。

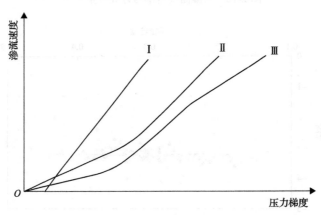

图 2-15　非牛顿型原油非线性渗流特征曲线示意图

　　Ⅱ型曲线呈现两段线性渗流特征。这一类型的原油在地层中渗流时，其压力梯度小于某一值时，原油的三维网状空间结构未被破坏，原油渗流速度随压力梯度的增大而缓慢增大；当其压力梯度大于某一值时，原油的三维网状空间结构被完全破坏，渗流速度随着压力梯度的增加而较快地增加，表现为拟线性流。这一类型原油的渗流方程可以用分段线性方程来表示。

　　Ⅲ型曲线呈现三段线性渗流特征。这一类型原油在流动时，其压力梯度小于某一值时，原油的渗流速度随着压力梯度的增大而缓慢增加；当其压力梯度大于某一值时，渗流速度随着压力梯度的增大而较快增加，表现为拟线性流；当其超过另一压力梯度值后，原油的三维网状空间结构被完全破坏，渗流表现为达西渗流。这一类型原油渗流方程也可以用三段线性方程来表示。

　　图 2-16 为不同温度下稠油单相渗流曲线：①在低温(低于临界温度点)时，稠油在地下存在初始压力梯度，在较低的压力梯度范围内，稠油在很低的渗流速度

下流动，渗流速度与压力梯度呈非线性关系，稠油的流动表现为非达西渗流特征；在较高的压力梯度范围内，当稠油结构被完全破坏时，稠油的流动表现为达西渗流特征；②当温度较高(大于临界温度点)时，稠油的流动表现为达西渗流特征，渗流速度与压力梯度呈拟线性关系。图 2-16 中，53℃、63℃时存在明显的曲线段，而随着温度升高(73℃)，曲线段逐渐变成直线段。说明在低温渗流时流体表现为非牛顿流体特征。

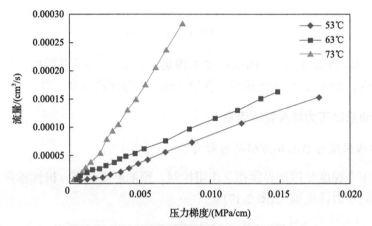

图 2-16　不同温度下稠油单相渗流曲线

从低温非牛顿流体曲线可以看出，曲线可以分为两个部分：在较低压力梯度范围内为低流速区；在较高压力梯度范围内为拟线性区。

第一段：随着压力梯度的增大，渗流速度增大较快，渗流曲线由曲线逐渐向直线段过渡，在此区域内，随着压力梯度的增大，逐渐打破了胶质、沥青质所形成的空间结构所处的破坏与恢复的平衡状态，随着结构被破坏，渗流阻力明显减小，渗流速度明显增加。

第二段：在较高的压力梯度范围内，渗流速度与压力梯度呈拟线性关系。这段相当于胶质、沥青质所形成的空间结构已经完全遭到破坏，这种空间结构造成的流动阻力减小到最小。由曲线过渡为拟线性段时的压力梯度定义为初始压力梯度(也称启动压力梯度)，只有当压力梯度大于此值时，稠油才能够很好地流动起来。

随着温度的升高，稠油的渗流能力有所提高，并且其初始压力梯度逐渐减小。在温度较高时，渗流速度与压力梯度呈拟线性关系，表现为达西渗流特征(如图 2-16 中 73℃时的渗流曲线)。这是因为随着温度的升高，胶质与沥青质形成的空间结构的坚固性降低，由于分子热运动的加强，微粒之间的相互作用减弱，初始压力梯度减小。当温度高于临界温度点时，屈服值为零，则其初始压力梯度为零，此时符合达西定律，温度越高，渗流能力越强，原因是随着温度的升高，孔隙表面油膜厚度变小，有效流动半径增大，渗流能力得到提高。

研究表明，启动压力梯度与储层及流体的关系为

$$G = 0.7 \cdot \tau_0 \sqrt{\frac{\phi}{K}} \qquad (2\text{-}4)$$

式中，

$$\tau_0 = f(\mu \cdot C \cdot K \cdot T \cdot G) \qquad (2\text{-}5)$$

其中，G 为启动压力梯度，Pa/m；K 为渗透率，μm^2；ϕ 为孔隙度，%；μ 为地层流体黏度，mPa·s；C 为流体组分含量，%；T 为油藏温度，℃。

2.2.2 稠油启动压力梯度影响因素

1. 原油黏度对启动压力梯度的影响

启动压力梯度受固液界面相互作用控制，原油黏度越高，极性越强，黏滞力越大，启动压力梯度越大(图 2-17)。

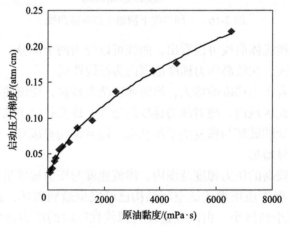

图 2-17　原油黏度与启动压力梯度关系曲线
1atm=1.01325×10⁵Pa

2. 渗透率对启动压力梯度的影响

渗透率反映流体通过储层的能力，渗透率越大，毛细管压力越小，流动阻力越小，启动压力梯度越小。实验结果表明，随着多孔介质渗透率的增加，启动压力梯度下降(图 2-18)。

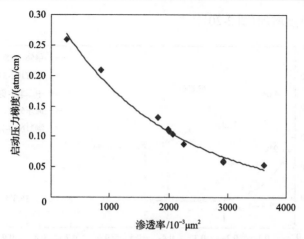

图 2-18　渗透率与启动压力梯度关系曲线

3. 温度对启动压力梯度的影响

由于稠油黏度随着温度增加而下降，在多孔介质条件下，随着温度的升高，启动压力梯度降低（图 2-19）。

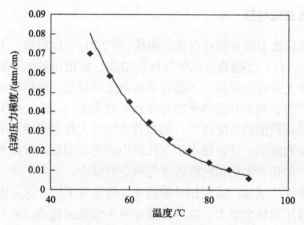

图 2-19　温度与启动压力梯度关系曲线

4. 原油组分对启动压力梯度的影响

从制约稠油黏度的因素分析来看，稠油黏度大小主要受稠油中胶质和沥青质含量影响，沥青质是稠油极性最强的组分，它的极性大小决定稠油分子极性，影响稠油液液和固液界面张力大小，从而影响稠油剪切应力，在稠油多孔介质渗流时，稠油剪切应力影响稠油启动压力梯度。稠油在多孔介质条件下具有剪切变稀的特性，由其转变点可确定临界启动压力梯度，随着胶质和沥青质含量的增加，临界启动压力梯度增加(图 2-20)。

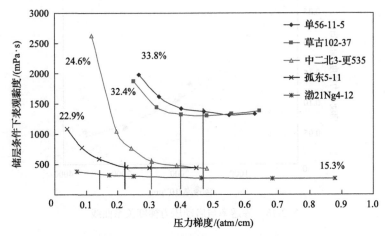

图 2-20　胶质、沥青质含量与临界启动压力梯度关系曲线

2.3　稠油油水两相渗流特征

2.3.1　两相渗流曲线特征

由不同驱替速度下油水相对渗透率曲线(图 2-21)可以看出:①稠油油水两相等渗点很低(<0.15);②随着含水饱和度的增加,油相相对渗透率下降很快,水相相对渗透率却上升得很缓慢;③随着驱替速度的增加,油相相对渗透率下降相对变慢,而油相与水相相对渗透率的等渗点相对变大(右移)。产生这种①和②现象的主要原因是超稠油的黏度极高,油相首先沿着大孔道流动,小孔道中原油很难或者几乎不参加流动,这就使水相在孔道中的流动困难,所以水相相对渗透率上升得很缓慢,油相和水相相对渗透率等渗点值很小。

随着驱替速度的增加,油相相对渗透率下降变得平缓。这是因为随着驱替速度的增加,驱替压力梯度增大,这样就使原来不能参加流动的油开始流动,原来流动较慢的原油现在流动速度增加。可见,在不同的驱替速度下,相对渗透率曲线是不同的,提高驱替压力梯度可以提高原油的相对渗透率值,从而提高采收率,随着温度降低等渗点略有降低。

此外,通过物理实验可以得到稠油的驱油效率曲线,如图 2-22 所示,从图中可以看出,刚开始驱油效率上升很快,随着驱替的进一步进行驱油效率增加缓慢,最后趋向于平缓;在含水率较高的情况下,仍能采出相当数量的一部分稠油储量,这可以说是我国油气田开发的一个特色,即相当部分的可采储量是在高含水期采出的。

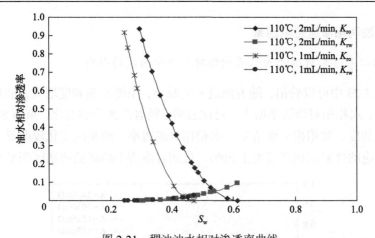

图 2-21 稠油油水相对渗透率曲线

K_{ro}-油相相对渗透率；K_{rw}-水相相对渗透率；S_w-含水饱和度

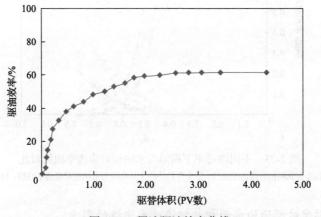

图 2-22 稠油驱油效率曲线

PV 数-孔隙体积的倍数

出现该现象的原因：从相对渗透率曲线上可以看出，在驱替的初始阶段，油相相对渗透率很高，而水几乎不参与流动，所以开始时原油的驱油效率很高。但是，随着驱替的进行，含水率逐渐升高，又由于含水率上升相当快，油相相对渗透率下降很快，而水相相对渗透率有所提高，故原油的驱油效率增长相对变缓。但是，当原油含水率达到一定的数值后，特别是 90%以上时含水率上升相对较慢，而且能够维持相当长的时间。

实验中所用稠油的驱油效率比较高，达到 60%以上，分析其原因是实验中水的驱替速度比较快，使图 2-22 的驱油效率比较高，矿场很难达到如此高的驱替速度。

2.3.2 稠油两相渗流影响因素

1. 岩心渗透率对稠油油水两相相对渗透率曲线的影响

从图 2-23 中可以看出,随着渗透率的减小,束缚水饱和度增大,油相相对渗透率降低,水相相对渗透率增大。对比表明,随着渗透率的变化,束缚水饱和度、残余油饱和度、油相相对渗透率、水相相对渗透率、两相区变化较明显。岩心的等渗点对应的含水饱和度都大于 50%,且随着渗透率的降低两相区明显变窄。

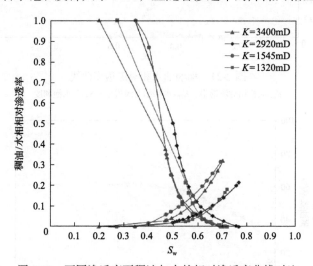

图 2-23　不同渗透率下稠油与水的相对渗透率曲线对比

呈下降趋势的 4 条曲线为油相相对渗透率曲线;呈上升趋势的 4 条曲线为水相相对渗透率曲线;1D=0.986923×10^{-12}m^2

2. 稠油黏度对稠油油水两相相对渗透率曲线的影响

对比图 2-24～图 2-26 可知,随着含稠油比例的增大,黏度增大,非牛顿流体特性增强,渗透率变小,其岩心的束缚水饱和度、残余油饱和度增大,油相相对渗透率变小、水相相对渗透率升高,两相区变窄,等渗点左移。

3. 温度对稠油油水两相相对渗透率曲线的影响

由不同温度下超稠油油水两相相对渗透率曲线(图 2-27、图 2-28)可看出,随着含水饱和度的增加,油相相对渗透率下降很快,而水相相对渗透率抬升很缓慢。对于不同温度下的相对渗透率曲线,随着原油黏度的降低,油相相对渗透率在适当的范围内上升较快,而水相相对渗透率变化不大。主要是由于试验所用的岩心润湿性为亲水性,水主要占据了孔隙的表面,而原油占据了孔道的中央,当原油黏度降低时,在相同的驱替压力下油首先流动,且占据主要空间,因而对于水没

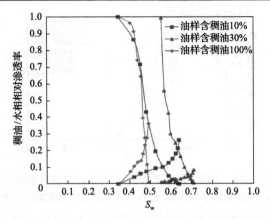

图 2-24　低渗透率岩心不同含原油比例油样与水的相对渗透率曲线对比（K=150mD）
　　　呈下降趋势的 4 条曲线为油相相对渗透率曲线；呈上升趋势的 4 条曲线为水相相对渗透率曲线

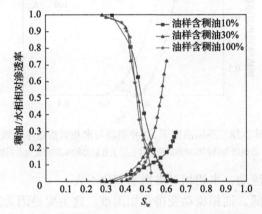

图 2-25　中等渗透率岩心不同含原油比例油样与水的相对渗透率曲线对比（K=780mD）
　　　呈下降趋势的 4 条曲线为油相相对渗透率曲线；呈上升趋势的 4 条曲线为水相相对渗透率曲线

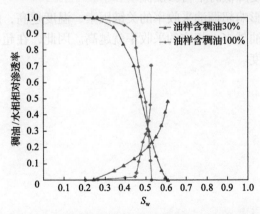

图 2-26　高渗透率岩心不同含原油比例油样与水的相对渗透率曲线对比（K=2000mD）
　　　呈下降趋势的 4 条曲线为油相相对渗透率曲线；呈上升趋势的 4 条曲线为水相相对渗透率曲线

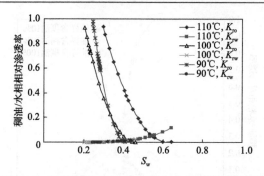

图 2-27　不同温度下 Z1 井稠油与水相对渗透率曲线

呈下降趋势的 4 条曲线为油相相对渗透率曲线；呈上升趋势的 4 条曲线为水相相对渗透率曲线

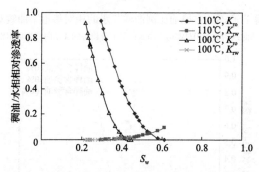

图 2-28　不同温度下 Z2 井稠油与水相对渗透率曲线

呈下降趋势的 4 条曲线为油相相对渗透率曲线；呈上升趋势的 4 条曲线为水相相对渗透率曲线

有足够的通道供它流动，水相相对渗透率变化不大。

随着温度的降低，油相流动变得愈加困难。这主要是因为随着温度降低，稠油的黏度急剧增加，稠油的启动压力梯度迅速增加，在较高温度下原来参加流动的那部分原油在温度降低时不再参加流动。

可见，温度是影响超稠油采收率的关键因素，温度越高，启动压力越低，参与流动的孔隙和原油越多，相应的采收率就越高。因此，在超稠油油藏开发时应当尽量提高油藏温度。

第3章 稠油蒸汽吞吐渗流模型及开发方法

蒸汽吞吐是将高温高压湿饱和蒸汽注入油层，焖井数天加热油层，然后开井进行生产的提高采收率手段，是稠油开发最常见的技术手段[32-34]。直井蒸汽吞吐的研究已经很广泛，本章针对稠油油藏水力压裂蒸汽吞吐及水平井蒸汽吞吐开展研究，阐明其动态开发规律。

3.1 稠油油藏水力压裂蒸汽吞吐开采动态预测方法

3.1.1 稠油油藏水力压裂蒸汽吞吐加热模型

压裂裂缝可以通过水力压裂在油层下部的合理位置形成可控制的裂缝，以解决特稠、超稠油油藏注汽困难、注采井间形成有效热连通困难的问题，从而实现有效的蒸汽驱开发。模型的基本假设条件如下[35-37]。

(1)在蒸汽注入阶段，注入压力保持不变，蒸汽以特定的速率注入油藏。

(2)蒸汽进入裂缝中体积不变。

(3)顶层和底层的导热系数是相同的。

(4)在油层及围岩中，水平方向的热传导为零。

(5)油层物性和流体饱和度不随温度变化。

(6)从井底进入油层的蒸汽，其热能一部分消耗于顶底层的热损失，另一部分用于增加裂缝的热能和基质岩块的热能。

(7)在加热范围内温度为蒸汽温度，加热范围以外温度为地层原始温度。

(8)所计算的加热面积完全是由能量平衡引起，并不是蒸汽到达的范围。

(9)由蒸汽注入引起的温度瞬变在注入阶段结束时消失。

假设蒸汽一般只在裂缝中流动，未进入基质，而且加热基质格块的时间有限，因此，在模型中考虑基质温度低于裂缝中饱和蒸汽的温度。

根据能量守恒有如下关系：

$$Q_H = H_L + H_F + H_{M,F} \tag{3-1}$$

式中，Q_H 为热能的注入量，kJ；H_F 为裂缝获得的热量，kJ；H_L 为油层向围岩的热损失，kJ；$H_{M,F}$ 为基质和基质中流体获得的热量，kJ。

1. 油层向围岩的热损失

假设油层顶底层的温度分别等于注汽温度 T_j 和原始顶底层温度 T_i，那么在时间 $\tau(\tau < t)$ 内，单位面积 dA 的热能损失量为

$$H_L = 2\int_0^t \frac{\lambda_{oh}\Delta T}{\sqrt{\pi\alpha(t-\tau)}}\frac{dA}{d\tau}d\tau \tag{3-2}$$

式中，λ_{oh} 为顶层导热系数，$kJ/(m^3 \cdot ℃)$；α 为顶底层散热系数，$\alpha = \lambda_{oh}/M_{oh}$，$m^2/d$；$M_{oh}$ 为顶层岩石热容，$kJ/(m^3 \cdot ℃)$；ΔT 为蒸汽温度与油层温度之差，$℃$；A 为接触面积。

2. 裂缝获得的热量

裂缝中热量的增加主要由裂缝中的流体产生，而未考虑岩石的热传递，因此假设岩石热容及热传导率为零。但裂缝中有流体存在，包括水和原油，所以裂缝在时间 t 内获得的热量为

$$H_F = \phi_f h\Delta T\left[\frac{M_o(h-h_w)+M_w h_w}{h}\right]\frac{dA}{dt} \tag{3-3}$$

式中，ϕ_f 为裂缝孔隙度，量纲为 1；h_w 为裂缝中水的高度，m；h 为储层厚度，m；M_w 为水体积热容，$kJ/(m^3 \cdot ℃)$。

M_f 指高度加权的裂缝体积热容，在整个注入阶段保持恒定，即

$$M_f = \frac{M_o(h-h_w)+M_w h_w}{h} \tag{3-4}$$

式中，M_o 为原油体积热容，$kJ/(m^3 \cdot ℃)$。

所以，裂缝获得的热量可表示为

$$H_F = \phi_f h\Delta T M_f \frac{dA}{dt} \tag{3-5}$$

3. 基质和基质中流体获得的热量

在前面假设中已经提到，基质和裂缝之间的热交换方式只考虑热传导，而不考虑对流传热。基质格块的热交换方程是一个稳态方程。如果忽略毛细管过渡区，考虑到对称性和边界条件的统一性，热传导方程写作：

$$\partial T / \partial t = D\partial^2 T / \partial z^2 \tag{3-6}$$

$$D = \lambda_m / M_m \tag{3-7}$$

式中，D 为基质的散热系数，m^2/d；M_m 为基质的有效热容，$kJ/(m^3 \cdot {}^\circ\!C)$。

λ_m 指岩石及其中流体的导热系数，定义为

$$\lambda_m = \phi S_o \lambda_o + \phi S_w \lambda_w + (1-\phi)\lambda_r \tag{3-8}$$

式中，λ_o、λ_w、λ_r 分别为原油、水、岩石的导热系数，$kJ/(m^3 \cdot {}^\circ\!C)$；$S_o$、$S_w$ 分别为含油、含水饱和度；ϕ 为岩石孔隙度。

M_m 指基质的有效热容，定义为

$$M_m = \phi S_o M_o + \phi S_w M_w + (1-\phi)M_r \tag{3-9}$$

式中，M_r 为岩石热容。

对于基质的边界条件与初始条件处理，考虑加热基质网格的时间有限（由注入时间和焖井时间决定），且蒸汽未进入基质中，因此假设基质的边界条件 $T_m(0,t) = T_b$，其中 T_b 为裂缝中水的温度，相应的 $\Delta T_m = T_b - T_r$（T_r 为岩石的温度），因此，基质和基质中流体获得的热量为

$$H_{M,F} = \int_D^t -D \frac{\partial T_m(z,t-\tau)}{\partial z}\bigg|_{x=0} \frac{dA}{d\tau} d\tau = 2\int_0^t \frac{\lambda_m \Delta T_m}{\sqrt{\pi D(t-\tau)}} \frac{dA}{d\tau} d\tau \tag{3-10}$$

4. 热平衡方程

根据热平衡方程式(3-1)可得裂缝性稠油油藏蒸汽吞吐能量守恒方程：

$$Q_H = 2\int_0^t \frac{\lambda_{oh} \Delta T}{\sqrt{\pi \alpha(t-\tau)}} \frac{dA}{d\tau} d\tau + \phi_f h \Delta T M_f \frac{dA}{dt} + 2\int_0^t \frac{\lambda_m \Delta T_m}{\sqrt{\pi D(t-\tau)}} \frac{dA}{d\tau} d\tau \tag{3-11}$$

设初始条件 $A(0) = 0$，经过拉普拉斯变换，式(3-11)变为

$$A(t) = \frac{Q_H}{R_1}\left(e^{t_D} \operatorname{erfc}\sqrt{t_D} + \frac{2}{\sqrt{\pi}}\sqrt{t_D} - 1 \right) \tag{3-12}$$

式中，t_D 为无量纲时间变量；

$$R_1 = \frac{4\left(\sqrt{\lambda_{oh} M_{oh}}\Delta T + \sqrt{\lambda_m T_m}\Delta T_m\right)^2}{\phi_f h M_f \Delta T}$$

$$t_D = 4\left[\frac{\sqrt{\alpha}}{\phi_f h}\left(\frac{M_{oh}}{M_f}\right) + \frac{\sqrt{D}}{\phi_f h}\left(\frac{M_m}{M_f}\right)\left(\frac{\Delta T_m}{\Delta T}\right)\right]^2 t$$

3.1.2 稠油油藏水力压裂蒸汽吞吐开采动态预测模型

多周期吞吐产量预测模型以裂缝性稠油油藏蒸汽吞吐加热模型为基础,应用渗流理论、物质平衡和能量守恒原理来预测蒸汽吞吐生产动态。

1. 水力压裂裂缝导流能力优化与影响因素分析

水力压裂技术作为油气增产的主要手段,提供了一条连通地层与井筒的高导流能力通道,改变地层流体的渗流方式,以最大限度地提高油气的生产指数。因此,裂缝导流能力的好坏及与地层渗流能力的良好匹配,无论对于低渗透致密层还是低压中-高渗透层,都是影响其压裂增产改造效果的重要因素[38-40]。

1) 裂缝导流能力

裂缝导流能力的定义为平均支撑裂缝宽度 W_f 与支撑裂缝渗透率 K_f 的乘积,其物理意义是支撑裂缝所能提供的供液体流动的能力大小,公式如下:

$$C_f = W_f \cdot K_f \tag{3-13}$$

通常压裂设计中,支撑剂渗透率参数常来源于实验室数据,这是因为实际地应力条件下的支撑剂渗透率数据很难获得。然而,实验室条件同真实的地层条件相比有很大差别,同时由于非达西流及多相流的影响,支撑裂缝的渗透率将大大降低。因此,在压裂设计中,常将实验室获得的支撑剂渗透率数据乘以一个伤害系数进行修正。

油气井经过压裂改造后,其增产效果取决于两个因素:地层向裂缝供液能力的大小和裂缝向井筒供液能力的大小。因此,为了更好地实现设计裂缝导流能力与地层供液能力的良好匹配,引入了无因次裂缝导流能力的概念,表示为

$$C_{fD} = \frac{C_f}{x_f K} = \frac{W_f K_f}{x_f K} \tag{3-14}$$

式中, C_{fD} 为无因次裂缝导流能力; x_f 为裂缝半长,m; K 为地层渗透率,mD。

无因次裂缝导流能力 C_{fD} 的物理意义是裂缝向井筒的供液能力与地层向裂缝的供液能力的对比。式(3-14)中,除地层渗透率 K 外,平均支撑裂缝宽度 W_f、裂缝支撑半长 x_f 及支撑裂缝渗透率 K_f 都可以通过对压裂施工规模、施工参数和支撑剂的选择进行调控。因此,无因次裂缝导流能力 C_{fD} 是进行压裂设计时要考虑的一个主要变量,它对压后的增产效果有着重要的影响。

2) 无因次裂缝导流能力 C_{fD} 的评价与优化

无因次裂缝导流能力是进行压裂优化设计以达到压后增产效果的一个重要设

计参数，对于具有不同的储存系数(Kh)和地层压力的油气藏，压裂设计时所需要的无因次裂缝导流能力是不同的。因此，如何针对具体的储层特点，正确地进行无因次裂缝导流能力评价与优化十分重要。

通常，在油藏中一口生产井的泄流面积都是有限的。在其生命周期的大多时间当中，油气井都是以所谓拟稳态的流态在生产，或者更准确地说，是以有边界控制的流动状态在生产。在此期间，定义单位生产压降的产量为生产指数，即

$$J = \frac{q}{\overline{p} - p_{wf}} \tag{3-15}$$

式中，J 为生产指数；$\overline{p}$ 为平均地层压力，MPa；p_{wf} 为井底流压，MPa；q 为产量，m^3/d。

假设一口在泄流面积中央的直井存在两条裂缝，则能够提供越大的生产指数的裂缝越好。为了更好地进行比较，又引入了无因次生产指数的概念：

$$J_D = \frac{B\mu}{Kh}J \tag{3-16}$$

式中，J_D 为无因次生产指数；B 为地层体积因数，m^3/kg；μ 为地层流体黏度，$Pa\cdot s$；h 为储层厚度，m；K 为地层渗透率，mD；

对于压裂改造井来说(图 3-1)，J_D 主要受到以下几个方面因素的影响：产层中的铺砂量浓度、支撑裂缝渗透率与地层渗透率之比及裂缝的几何形态。所有这些因素都可以归结为两个无因次变量 C_{fD} 和 I_x，其中 I_x 为裂缝穿透率，定义为

$$I_x = \frac{x_f}{x_e} \tag{3-17}$$

式中，x_f 为裂缝半长，m；x_e 为油藏有效动用长度，m。

在拟稳态条件下，对于有限导流能力垂直裂缝井，有如下关系：

$$\frac{1}{J_D} = \ln\left(\beta_{r_0}\frac{r_e}{x_f}\right) + \ln\left(\frac{\pi}{C_{fD}g(\lambda)} + \zeta_\infty\right) \tag{3-18}$$

$$\lambda = \frac{x_e}{y_e} = 1，\quad g(\lambda) = 1，\quad \beta_{r_0} = 0.478，\quad r_e = x_e，\quad \zeta_\infty = 2$$

因此，式(3-18)变为

$$\frac{1}{J_D} = \ln\left(\frac{0.478}{I_x}\right) + \ln\left(\frac{\pi}{C_{fD}} + 2\right) \tag{3-19}$$

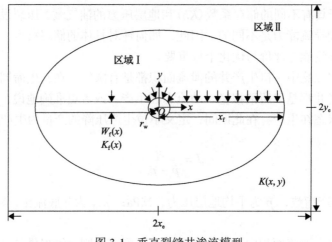

图 3-1　垂直裂缝井渗流模型

r_w-井筒半径；y_e-油藏有效动用宽度

式(3-19)为有限导流能力的垂直裂缝井无因次生产指数和无因次导流能力的关系式。

为确定最大无因次生产指数下的最佳无因次裂缝导流能力 C_{fD}，将 J_D 作为 C_{fD} 的函数，同时，将 I_x 作为参变量，绘制出无因次生产指数 J_D 和无因次裂缝导流能力 C_{fD} 的半对数曲线图(图 3-2)。从图 3-2 中我们可以看出，当 C_{fD} =10 时，其所对应的不同裂缝穿透率(I_x)的曲线均达到或接近对应的最大 J_D 值。

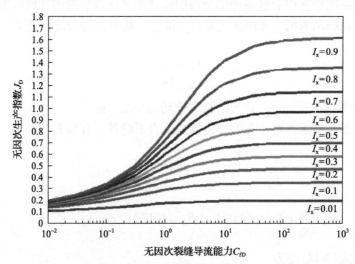

图 3-2　不同 I_x 条件下无因次生产指数 J_D 和无因次裂缝导流能力 C_{fD} 的半对数曲线图

从图 3-2 无法得出当 C_{fD} =10 时，应选择哪一条 I_x 曲线最佳，或者在一条指定的曲线上哪一点是最佳点。原因是该图版忽略了创造一条支撑裂缝的成本因素。

同时，对于低渗透储层和中、高渗透储层，该图版没有指出无因次裂缝导流能力优化的差别。为此，引入了"无因次支撑剂数"的概念。无因次支撑剂数(N_p)定义为产层中支撑裂缝的体积V_p与油藏泄油体积V_r之比乘以支撑裂缝渗透率K_f与地层渗透率K比值的2倍。通过简单的转换，N_p也可由无因次裂缝导流能力C_{fD}与裂缝穿透率I_x的形式表达出来：

$$N_p = \frac{2K_f V_p}{KV_r} = I_x^2 C_{fD} \tag{3-20}$$

于是，式(3-20)变为

$$\frac{1}{J_D} = \ln\left(0.478\sqrt{\frac{C_{fD}}{N_p}}\right) + \ln\left(\frac{\pi}{C_{fD}} + 2\right) \tag{3-21}$$

同理，为确定最大无因次生产指数下的最佳无因次裂缝导流能力C_{fD}，将J_D作为C_{fD}的函数，同时，将N_p作为参变量，绘制出无因次生产指数J_D和无因次裂缝导流能力C_{fD}的优化图版（图3-3、图3-4）。

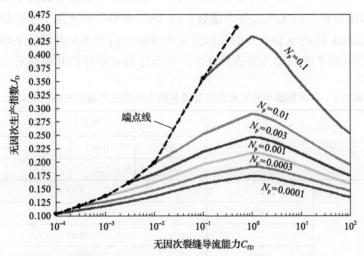

图3-3　无因次生产指数J_D和无因次裂缝导流能力C_{fD}的半对数曲线图（$N_p \leqslant 0.1$）

从图3-3中我们可以看出，当$C_{fD}=1$时，其所对应的不同裂缝长度的曲线均达到或接近对应的最大J_D值。

由图3-4可以看出，当无因次支撑剂数增大时（$N_p > 0.1$），优化的无因次裂缝导流能力也增大，从1增大至100，一旦确定了最佳的C_{fD}，就能确定对应的裂缝半长和宽度。

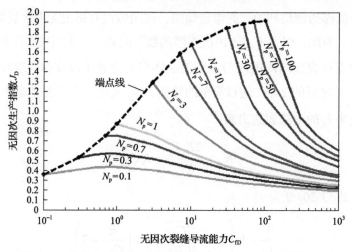

图 3-4　无因次生产指数 J_D 和无因次裂缝导流能力 C_{fD} 的半对数曲线图（$N_p \geqslant 0.1$）

　　从表 3-1 可以看出，少数热采水平井的无因次生产指数小于压裂直井的无因次生产指数，P1 热采井的无因次生产指数小于裂缝半长为 150m 时的压裂直井的无因次生产指数；P3 热采水平井的无因次生产指数小于裂缝半长为 100m、150m、200m 时的压裂直井的无因次生产指数；P4 热采水平井的无因次生产指数小于裂缝半长为 200m 时的压裂直井的无因次生产指数。由于水平井的施工规模和成本很大，我们可以考虑采用压裂直井来生产从而达到水平井的开采效果。

表 3-1　不同裂缝半长对应的压裂直井的无因次生产指数与热采井对比

压裂直井 J_D		裂缝半长/m			
		50	100	150	200
		0.67	1.26	2.58	9.93
热采水平井 J_D	P1	2.22			
	P2	18.86			
	P3	0.82			
	P4	4.08			
	P5	10.34			
	P7	1.41			
	P10	4.22			
	P11	22.32			
	P18	20.49			

2. 与数值模拟结果对比评价

在建立的数学模型的基础上，结合 CMG 数值模拟软件的热采数值模拟结果进行对比。

表 3-2 表明，具有两个隔层的吞吐效果相对较好，隔层降低了热量的传递速度。隔层厚度平均在 0.5m 效果较好，如 PZH18-P11、PZH18-P18 井热采效果很好。井与边底水距离的远近对热采效果的影响也很显著。井与边水距离越近，热采效果相对较好，受到的影响越大，如 PZH18-P5 井和 PZH18-P18 井热采效果好；PZH18-P2 井、PZH18-P4 井和 PZH18-P7 井边水距离较远，几乎不受其影响，吞吐效果一般。黏度随温度变化越灵敏，热采效果相对较好，如 PZH18-P10 和 PZH18-P11 吞吐井。

表 3-2　影响热采效果因素分析

无因次生产指数 J_D	井号	隔层数	隔层厚度/m	井与边底水距离	黏温关系
$J_D < 2.58$	PZH18-P1	1	0.7	底水	不显著
	PZH18-P3	1	0.8	边水(远)	不显著
	PZH18-P7	1	0.3	边水(远)	不显著
$J_D > 2.58$	PZH18-P2	2	0.7	边水(远)	不显著
	PZH18-P4	2	0.5	边水(远)	不显著
	PZH18-P5	2	0.7	边水(近)	不显著
	PZH18-P10	1	0.5	边水(远)	显著
	PZH18-P11	1	0.5	边水(远)	显著
	PZH18-P18	1	0.5	边水(近)	不显著

3.2　稠油油藏蒸汽吞吐现场应用

3.2.1　油藏特征

H 区块边底水稠油油藏资源丰富，探明含油面积 10.3km^2，储量 1790×10^{4}t。油藏主要特点：一是储层埋藏较浅，位于 1160～1320m；二是储层较发育，平均单层厚度在 4～18m；三是储层物性好，孔隙度为 34%，渗透率为 1345×10^{-3}～4867×10^{-3}μm^2；四是原油性质较差，平均地面原油密度 0.9955g/cm^3，地面原油黏度 2500～8185mPa·s，为普通稠油。

由于边底水活跃，直井开发效果差。2001 年该区块采用直井常规开发，开发中直井水锥严重，含水率上升速度达到 32.4%，造成水驱动用程度低。

3.2.2　油藏建模

1. 地质模型建立

利用岩、电性特征和沉积旋回特征及隔夹层识别技术，开展韵律层及隔夹层研究。根据沉积旋回及韵律性特点，将 H 区块 N 层细分为 5 个小层 10 个韵律层，其中 2^1、2^2、2^{31}、2^{32}、2^{33}、2^{41} 为含油小层。

隔夹层在油藏开采过程中，特别是底水油藏开发时可以对底水起隔挡作用，隔夹层渗透性差或无渗透性，加之厚度稳定，分布范围广，面积大，则可较好地控制底水锥进，反之效果较差。

2. 剩余油分布规律

平面上：油层中部由于油层厚、隔层相对发育，油井生产效果好，含水率上升较慢，井点含水率较低，累积产油量较高。油层边部井点含水率较高，累积产油量低。根据单井水驱曲线分析，目前井网下，油层中部油井水驱动用地质储量大，剩余可采储量也大。边部虽然井点含水率高，但由于目前井网条件下，储量动用程度极低，累积产油量低，剩余油仍然富集。

纵向上：N 层砂组纵向上由于水锥，底部水淹比较严重。计算水锥最大半径，油层中间部位水锥较小，低部位水锥较大，井间形成了"剩余油倒锥体"，且随两井间距的增加，剩余油富集；随含油高度的增加及井点累积产油量的减少，"剩余油倒锥体"的半径加大。数值模拟结果验证底部及井点附近剩余油饱和度低，水淹较严重，顶部及井间储量基本未动用，剩余油富集。

3.2.3　热采水平井优化设计

应用水平井设计技术，根据 H 区块新区不同油藏类型，通过数值模拟技术，开展水平井极限厚度、水平井水平段长度、水平井油层垂向位置优化研究，制定合理的水平井设计参数和生产参数。

1. 隔层影响

表 3-3 表明，热采水平井对隔层渗透性敏感性很强，隔层无渗透性或渗透率大于 $1×10^{-3} \mu m^2$，热采效果差。地层能量低，渗透率太大，底水推进过快，效果变差，因此，隔层渗透率在 $1×10^{-4}$～$1×10^{-3} \mu m^2$ 效果最好。本块隔层属泥质隔层，渗透率在 $1×10^{-4} \mu m^2$ 左右，有利于水平井热采。

2. 油层极限厚度优化

油层厚度分别取 2.0m、3.0m、4.0m、5.0m、6.0m、7.0m、8.0m，对比累积产

油量(图 3-5)。对于无底水的油藏而言,随着油层厚度的增加,累积产油量增加,考虑水平井的经济极限产油量,水平井吞吐开发的极限厚度要在 3.0m 以上。

表 3-3　隔层不同渗透率水平井热采指标对比表

隔层厚度/m	隔层渗透率/$10^{-3}\mu m^2$	周期/d	生产时间/d	累积产油量/10^4t	累积产水量/10^4t	采出程度/%
1	0	7	1785	1.47	1.94	7.6
	0.1	12	3340	2.93	13.97	15.2
	1	11	3030	2.1	14	10.9
	10	10	2720	1.2	14.23	6.2

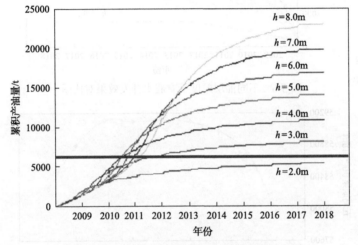

图 3-5　不同油层厚度下无底水开发效果对比图

在考虑吞吐生产的基础上,油层厚度分别取 3.0m、6.0m、7.0m、8.0m、10.0m,对比累积产油量(图 3-6)。从结果可以看出,对于底水油藏而言,随着油层厚度的增加,累积产油量增加,考虑水平井的经济极限产油量,水平井吞吐开发的极限厚度要在 6.0m 以上。

3. 水平段长度优化

油层厚度为 4.0m、6.0m、8.0m 三种情况下,水平段长度分别为 100m、150m、200m、250m、300m、350m 的开发效果对比表明,生产段长度为 100~200m 较好,综合考虑取生产段长度为 150m。

4. 水平井油层垂向位置优化

无底水时(图 3-7),设计水平段在油层中的无因次距顶距离分别为 0.1~0.9,对比分析不同情形下的开发效果。在无底水影响的情况下,开发效果相差不大,从五周期累积产油量可以看出，无因次距顶距离在 0.4～0.7 最好。

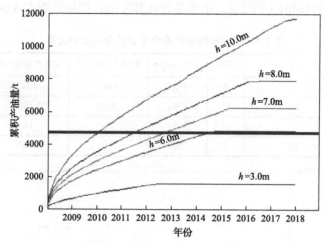

图 3-6　不同油层厚度下有底水开发效果对比图

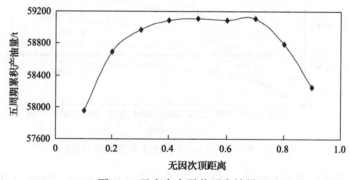

图 3-7　无底水水平井开发效果

有底水时(图 3-8)，设计水平段在油层中的无因次距顶距离分别为 0.1～0.9，对比分析不同情形下的开发效果。在有底水影响的情况下，水平段在油层中的无因次距顶距离小于 0.2 最好。

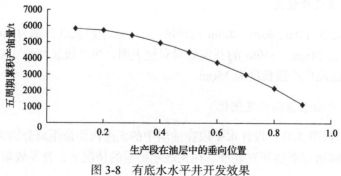

图 3-8　有底水水平井开发效果

5. 分支水平井优化

考虑 H 区块 N 层西部井控程度低，具备设计分支的条件，对此展开水平井分支参数优化。不同分支数开发效果表明：每增加 1 个分支数，增油量呈上升趋势，当分支数达到 5 个时，每增加 1 个分支数，增油量开始下降，最优的分支数为 4 个。分支与主干水平段轨迹直线夹角为 20°～30°。当分支数为 4 个时，采用 70m、100m、130m、150m 四个不同分支长度进行数值模拟，从不同分支长度开发效果数值模拟结果分析，分支水平段长度越长，下降趋势越明显。综合分析，最优的分支水平段长度为 100～130m。

3.2.4 水平井热采配套工艺技术

1. 完井方式优化

早期由于水平井采用套管固井完井方式，大幅增加了投产费用且对地层产生了不同程度的污染，影响油井产能，同时因防砂管打捞困难，后期作业难度大、费用高。

根据稠油油藏储层特点、井壁稳定性、出砂情况预测与防砂完井方式的评价结果，研究确定该区块水平井的完井方式为高精密滤砂筛管完井方式，工艺模式为水平井防砂筛管顶部注水泥完井工艺。该工艺模式的优点是采用适合地层挡砂精度的高精密滤砂管下至水平段油层部位，上部井段固井返至地面。与套管射孔防砂完井相比，筛管完井可减小近井污染和流体流入井筒阻力，增大油井泄油面积，更大限度地发挥油井潜能，提高油井产能，防砂筛管完井先期投入少，后期费用少，单井可以节约费用 60 万～80 万元，经济效益更为显著。

特别是筛管挡砂精度的优选可以实现挡砂排砂相结合，有效解决滤砂管堵塞问题。根据室内模拟实验及现场应用实践，优选 7in[①]高精密滤砂筛管，挡砂精度 0.20mm。

2. 油层保护工艺

为了防止黏土膨胀，保持储层渗透率，降低注汽压力，注汽前注入高温防膨剂 HMAT（浓度 10%，处理半径 1.5m）。另外，为了提高洗油效果，增加油井产量，降低产液含水率，注汽前注入薄膜扩展剂 HBK。

3. 水平井注汽工艺

针对套管射孔防砂的管柱，采用插入筛管分配注汽；针对裸眼筛管完井的管

---

① 1in=2.54cm。

柱，采用多点分配注汽管柱进行注汽，使水平段更加均匀动用。考虑到研究区块隔层薄，底水容易入侵，优化注汽强度为 10～15t/m。

3.2.5 应用效果

2007～2008 年优选了 H 区块的 N 砂组开展了水平井热采矿场实践，其中共部署水平井 43 口，单元新增产能 6.8×10⁴t，提高采收率 10%，增加可采储量 77×10⁴t；到 2008 年底累积增油 15.33×10⁴t，已累计完成 31 口水平井的蒸汽吞吐，累积注入蒸汽 47644t，注汽井累积产油量 7.74×10⁴t，累积油气比 1.6，效果显著。

2009 年，在其他单元推广应用，共钻热采水平井 28 口，新增产能 8.3 万 t，储量动用程度达 75%以上，采收率达 20%以上，较直井常规开发分别提高了 50%和 15.0%。

第4章 蒸汽-泡沫体系驱稠油非线性
渗流理论与开发方法

蒸汽-泡沫体系驱油技术是将蒸汽、氮气和水溶性表面活性剂的混合物一起注入油藏来提高原油采收率的方法[41-44]。该体系发挥了蒸汽驱油与泡沫驱油的综合优势，其复杂流变特征是技术成功实施的关键。本章针对蒸汽-泡沫体系，明确了不同温度区域内其流变特征、界面张力特征，以及最终的驱油效果，揭示了蒸汽-泡沫体系驱稠油的渗流机理。

4.1 技 术 原 理

相较于蒸汽驱，蒸汽-泡沫体系驱油具有提高波及系数和驱油效率的双重作用，从而可以提高采收率。

氮气是一种非凝析气体，物性受温度的影响很小，在水相和油相中溶解度低，但能够形成微气泡，油、气、水三相形成似乳状液的流体，可以降低原油黏度；注入一定数量的氮气，可以扩大蒸汽及热水带的加热体积，促进溶剂扩散[45]。同时，氮气的膨胀体积较大，在生产时能加速驱动地层中的原油返排，提高采液速率。

提高波及系数是由在地层中产生的泡沫降低蒸汽相的流度所决定。在岩心孔隙中驱替程度较高、剩余油饱和度较低的地方，更容易形成稳定的泡沫流。泡沫的形成使渗流阻力增加，气相流度降低导致注入压力升高、注采压差增大，迫使注入的蒸汽进入油层中物性较差、驱替程度较低的孔隙，可以控制蒸汽汽窜，提高注入流体的波及程度[46,47]，宏观上改善油层的吸汽剖面，提高波及系数。

提高驱油效率是由泡沫体系及表面活性剂分子的性质决定的。泡沫流动需要很高的压力梯度，高压力梯度能克服毛细管力作用，把小孔隙中原来呈束缚状态的原油驱出。泡沫液膜与油膜接触，由于泡沫液膜的高剪切应力，原来附着在岩石表面的油膜受剪切作用而成为可流动的原油。同时，加入的表面活性剂能够降低油水界面张力，改善岩石表面的润湿性，使原来呈束缚状态的原油通过油水乳化、液膜置换等方式成为流动的油，使驱油效率进一步提高。

4.1.1　多相流体渗流特征

1. 蒸汽-水两相渗流

注入蒸汽首先进入大孔道，而且汽柱较长，当长汽柱通过窄小的喉道进入孔隙体时，发生突断现象，使长汽柱卡断成小气泡。在蒸汽-水两相渗流中发现形成的小气泡极不稳定，易形成大气泡。

2. 蒸汽-水-发泡剂体系渗流

当汽液比很大时，形成的泡沫很薄，产生的阻力很小，几乎与纯蒸汽-水两相渗流产生的阻力相当[48,49]。由于泡沫层很薄，且易变形破裂，容易进入喉道，不产生明显的阻力。当汽液比变小时，产生大量直径很小的泡沫，配比适宜时产生的蒸汽泡沫质量较好，泡沫密集，直径较均匀。直径较均匀的泡沫在大孔隙体中相互挤压，泡与泡相接触处成为薄层，大孔道中大量泡沫薄层在流动过程中由于贾敏效应增加了蒸汽阻力。渗流过程中发现，在大量泡沫堵塞孔道、流速减缓、驱替压力增加到顶峰时，会突然发生泄流，拥挤的泡沫群加速流向出口，伴随压力降低，泡沫数量减少，即产生堵塞、泄流现象[50-52]。

3. 油-蒸汽-水-发泡剂体系渗流

当蒸汽和发泡液同时流动时，汽柱和气泡突入油中，在孔道中央部位推动油向前运移[53]。由于发泡剂溶液或泡沫薄层中的表面活性剂也溶于油相，泡沫遇油后薄层中的表面活性剂减少，不足以形成稳定的泡沫，从而使泡沫消失，在与大量油接触的前缘，只剩稀泡沫和蒸汽。在蒸汽通过油相往前运移时，首先进入阻力较小的大孔道运移，遇到喉道时发生堵塞。

当一个孔道中油、汽、水三相共存时，水相沿边壁运移，汽相占据孔道中央，油相则铺展在水汽交界面上被携带运移。当油量很少时汽柱通过喉道突断产生气泡，细小油珠可以流过。

4.1.2　泡沫发生与消亡机理

1. 泡沫发生机理

1) 突断机理

大气泡在流经短喉道时经突断形成小气泡，可以认为在孔喉交叉、孔道直径变化范围大的多孔介质中，蒸汽的突断机理是泡沫形成的主要机理。在非蒸汽泡沫发生机理中也得到了相同的结论，如空气泡沫、二氧化碳泡沫等。突断机理产生大量泡沫，增加了蒸汽相的不连续性，从而提高了流动中蒸汽相的黏滞阻力，改善了蒸汽相的流动性质，产生的泡沫或是随液相流动或是在多孔介质的某点滞留，以泡沫或间断形式通过多孔介质流动的气体阻力比通过连续相流动的气体阻力更大。

2) 薄层遗留

微观观察表明，多孔介质中薄层滞留可以形成泡沫。这是由于表面活性剂的存在产生一个稳定的静止薄层。薄层的存在堵塞了下方的气体通道，从而减少了气相的相对渗透率。毛细管压力进一步增大可使遗留薄层破裂或移动，移动后在新的薄层遗留发生之前，液体立即侵入此区域。

3) 薄层分离

大泡沫相比小泡沫有较大的分离趋势，薄层分离的必要条件是有移动的薄层和分叉口，薄层分离使泡沫薄层数增多和泡沫直径减小，从而使流动阻力越来越大。

4) 水力切割

分叉口液流的冲击使汽柱断裂产生泡沫现象，当汽柱滞留在孔道中央，毛细管压力增大使气泡前端伸出较长时，由于其他方向局部液体流速较高，流动液体把气泡切割成较小气泡，此小气泡很快随水夹带而流向出口，此种现象称作水力切割，类似于大容器中机械搅拌的发泡过程。

2. 泡沫消亡机理

1) 薄层吸入

当泡沫薄层从两个孔道汇聚进入一个孔道时，由于薄层头厚，边界层的毛细管吸入作用使薄层易消亡[54,55]。

2) 温度梯度

注入温度一般高于油藏温度，泡沫从入口运移过程中，存在温度下降的趋势，特别是当泡沫滞留在孔道中时，泡沫体积变小并逐渐消亡的现象就更加明显。温度下降使泡沫中的水蒸气冷凝成水混溶于泡沫液中是引起泡沫消亡的一个因素。

3) 气泡高速撞击或挤压

当气泡在高速流动过程中，撞击驻留不动的气泡时，由于高速撞击，薄层瞬间形成并被挤压得过薄而使泡沫与原驻留泡沫合二为一。

4) 油相存在

当孔隙介质充满油时，不能形成泡沫，当油饱和度减少到一定程度时，才开始形成泡沫，但这些泡沫群不稳定，当油在泡沫薄层中铺展后，泡沫群破裂，此时称刚开始形成泡沫的油饱和度为形成泡沫的临界油饱和度，这是由于两泡沫相遇后靠油的作用使之凝聚。

4.1.3　蒸汽-泡沫注入工艺

目前国内外蒸汽-泡沫调剖注入方法主要有段塞式、连续式、断续式三种。

段塞式注入法，是将一定量的泡沫剂与氮气(或其他非凝结性气体)一起注入注汽井中，然后正常注汽，等待一定时间后，再注入泡沫剂和氮气。该方法一般用于封堵蒸汽吞吐过程中的汽窜，对于汽窜井组效果不够理想[56-58]。

连续式注入法，是将一定量的泡沫剂与氮气随蒸汽不间断地注入地层中，该方法的封堵调剖效果虽好，但对注入设备要求较高，而且不经济。

断续式注入法，是将以上两种方法进行结合优化的方法[59,60]。对于一口注汽井而言，是将一定浓度的泡沫剂与氮气混合均匀，在注汽井内随蒸汽注入一个小段塞，然后停注一段时间，再注入泡沫剂和一个小段塞，再停注一段时间，以这样的周期进行泡沫调剖，一般间隔时间为 12～36h。

4.2　蒸汽-泡沫体系流变特征

蒸汽-泡沫驱过程中，按照温度范围，可分成蒸汽区、热水冷凝区和油藏区三个温度区域。本节主要针对蒸汽区和热水冷凝区两个温度区域，介绍不同相饱和度、泡沫剂浓度和温度条件下蒸汽-泡沫体系的流变特征。

4.2.1　蒸汽区蒸汽-稠油体系流变特征

1. 蒸汽-泡沫相饱和度对蒸汽-稠油体系流变行为的影响

固定体系的温度为 290℃、泡沫剂浓度为 1.0%、蒸汽干度为 70%，蒸汽-泡沫相饱和度分别为 10%、15%、20%、25%和 30%。利用超高温高压黏度计来模拟实际油藏条件，将剪切速率范围设定为 0～600s^{-1}，测量该范围内对应的剪切应力，分析蒸汽-泡沫相饱和度对蒸汽-稠油体系流变行为的影响。

结果表明(图 4-1)，当蒸汽-泡沫相饱和度在 10%～30%时，体系呈现拟塑性非牛顿流体特征，随着剪切速率的增加，剪切应力呈幂数增加。由于泡沫本身的表观黏度很高，蒸汽-泡沫相饱和度越大，原油中所含的泡沫越多，在相同的剪切速率下，所受的剪切应力越大。但是当泡沫与油混合后泡沫的稳定性下降，泡沫减少，泡沫质量下降，所以体系表观黏度下降，表现剪切变稀的特性。

在相同的剪切速率下，随着蒸汽-泡沫相饱和度的减小，剪切应力下降，但下降幅度变大。因为蒸汽-泡沫相饱和度越小，与原油的接触面积越大，泡沫的稳定性越差，所以体系中泡沫越少，体系的表观黏度越小，受到的剪切应力越小[61,62]。

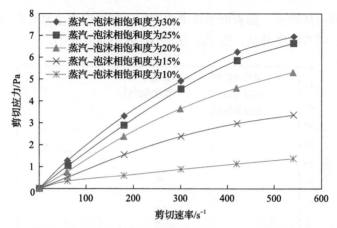

图 4-1　蒸汽区不同蒸汽-泡沫相饱和度下剪切应力与剪切速率变化关系

2. 蒸汽-泡沫体系泡沫剂浓度对油体系流变行为的影响

选定泡沫剂浓度分别为 0.5%、0.75%、1.0%、1.25% 和 2.0%，研究泡沫剂浓度对油体系流变行为的影响。结果表明(图 4-2)，当泡沫剂浓度范围在 0.5%～2.0% 时，体系表现拟塑性非牛顿流体特征，随着剪切速率增加，剪切应力呈幂数增加。在相同的剪切速率下，随着泡沫剂浓度的增大，剪切应力增加，但增加幅度变小。因为泡沫剂浓度越大，在相同条件下产生的泡沫越多，原油中含油泡沫的量越大，在相同的剪切速率下剪切应力越大。

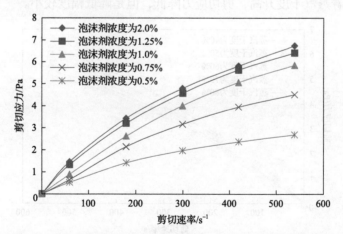

图 4-2　蒸汽区不同泡沫剂浓度下剪切应力与剪切速率变化关系

3. 温度对油体系流变行为的影响

选定温度分别为 210℃、230℃、250℃、270℃ 和 290℃，研究温度对油体系流变行为的影响。结果表明(图 4-3)，当温度由 210℃升高到 290℃时，体系表现拟塑性非牛顿流体特征，随着剪切速率的增加，剪切应力呈幂数增加。在相同的剪切速率下，随着温度升高，剪切应力减小且减小幅度变小。

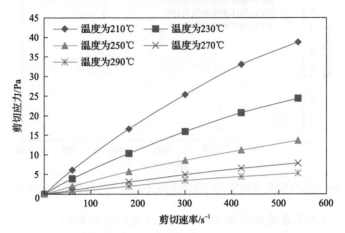

图 4-3　蒸汽区不同温度下剪切应力与剪切速率变化关系

4. 蒸汽干度对油体系流变行为的影响

选定蒸汽干度分别为 40%、50%、60%、70% 和 80%，研究蒸汽干度对油体系流变行为的影响。结果表明(图 4-4)，当蒸汽干度由 40% 升高到 80% 时，体系表现非牛顿流体特征，随着剪切速率增加，剪切应力呈幂数增加。在相同的剪切速率下，随着蒸汽干度升高，剪切应力降低，但是降低幅度较小。

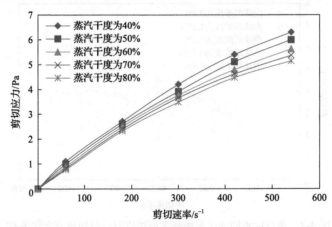

图 4-4　蒸汽区不同蒸汽干度下剪切应力与剪切速率变化关系

泡沫起泡的两个必要条件为起泡剂和气相。当蒸汽干度过低时，随着蒸汽冷凝，泡沫逐渐消失，基本无封堵能力；随着蒸汽干度增加，蒸汽泡沫量也逐渐增加，封堵能力增大。通常加入不凝结气体氮气，当蒸汽完全凝结为水时，还有气相存在，不仅能发挥泡沫驱油应有的作用，而且还可提高蒸汽-泡沫驱油效率，且随着氮气在气相中含量的升高，表面活性剂的起泡能力升高。

5. 蒸汽腔驱油蒸汽-泡沫体系模型

在蒸汽腔驱油区中，当蒸汽-泡沫相饱和度为 10%～30%、泡沫剂浓度为0.5%～2.0%、温度为 210～290℃、蒸汽干度为 40%～80%时，通过以上流变行为，得出体系流变模型：

$$\tau = k\gamma^n \tag{4-1}$$

$$k = 1004.39 \cdot \left(\frac{1}{1+e^{4.12-0.126S}}\right)^{1.17} \cdot \left(\frac{1}{1+e^{-4.11+0.036C}}\right)^{0.95} \cdot (e^{-0.027T})^{1.09} \tag{4-2}$$

式中，k 为稠度系数；S 为蒸汽-泡沫相饱和度；C 为泡沫剂浓度；T 为温度；n 为流变指数；γ 为剪切速率。

由表 4-1 可知，各个因素与稠度系数 k 的相关性均很显著，其中温度的影响最大，蒸汽-泡沫相饱和度影响次之，几个因素中，泡沫剂浓度影响最小。

表 4-1　蒸汽区稠度系数 k 的多元线性拟合中各项系数的检验值

因素	系数	标准差	t 检验	P 值
常数项	−1.86	0.16	−11.63	3.22×10^{-9}
蒸汽-泡沫相饱和度	1.02	0.077	13.12	5.55×10^{-10}
泡沫剂浓度	0.98	0.14	6.75	4.63×10^{-6}
温度	1.03	0.058	17.48	7.54×10^{-12}

$$n = -0.98 + 217.91e^{-0.033S} - 216.90e^{-0.033S} + \frac{0.14}{1+108.41e^{-0.038C}} + \frac{1.01}{1+9.64e^{-0.015T}} \tag{4-3}$$

由表 4-2 可知，各个因素与流变指数的相关性都极显著，其中温度的影响最大，蒸汽-泡沫相饱和度影响次之，几个因素中，泡沫剂浓度影响最小。

表 4-2　蒸汽压流变指数 n 的多元线性拟合中各项系数的检验值

因素	系数	标准差	t 检验	P 值
常数项	−1.81	0.15	−11.84	2.49×10^{-9}
蒸汽-泡沫相饱和度	1.01	0.077	13.13	5.52×10^{-10}
泡沫剂浓度	0.97	0.14	6.80	4.24×10^{-6}
温度	1.01	0.058	17.18	9.83×10^{-12}

4.2.2 热水冷凝区稠油流变特征

1. 热水冷凝区稠油流变特征

固定体系的温度为150℃、水相饱和度为65%，剪切速率范围设定为0～100s⁻¹，选定水相饱和度分别为0%、55%、60%、65%、70%和75%，分析水相饱和度对油体系流变行为的影响。结果表明（图4-5），当水相饱和度在55%～75%时，体系表现拟塑性非牛顿流体特征，随着剪切速率的增加，剪切应力呈幂数增加；当水相饱和度为0%时，体系表现牛顿流体特征，随着剪切速率的增加，剪切应力呈线性增加；在相同的剪切速率下，随着水相饱和度的增加，剪切应力增加，但增加幅度变小。

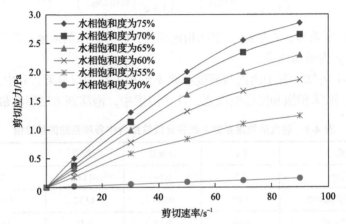

图 4-5　热水冷凝区不同水相饱和度下剪切应力与剪切速率变化关系

2. 泡沫剂浓度对稠油体系流变行为的影响

固定体系的温度为 150℃，水相饱和度为 65%，泡沫剂浓度分别为 2.0%、1.25%、1.0%、0.75%和 0.5%，研究泡沫剂浓度对油体系流变行为的影响。结果表明（图4-6），当泡沫剂浓度范围在 0.5%～2.0%时，体系表现非牛顿流体特征，随着剪切速率的增加，剪切应力呈幂数增加。在相同的剪切速率下，随着泡沫剂浓度的增大，剪切应力增大，但增大幅度变小。

3. 温度对稠油体系流变行为的影响

固定体系的水相饱和度为 65%，泡沫剂浓度为 1.0%，选定温度分别为 110℃、130℃、150℃、160℃和 180℃，研究温度对稠油体系流变行为的影响。结果表明（图4-7），当温度为 110℃时，体系表现塑性流体特征；当温度由 130℃升高到 180℃时，体系表现牛顿流体特征。随着剪切速率的增加，剪切应力呈幂数增加。在相同的剪切速率下，随着温度升高，剪切应力减小，且减小幅度变小。

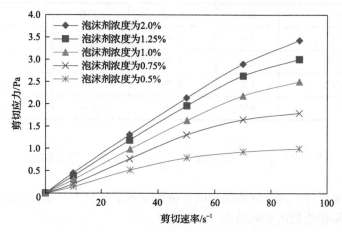

图 4-6　热水冷凝区不同泡沫剂浓度下剪切应力与剪切速率变化关系

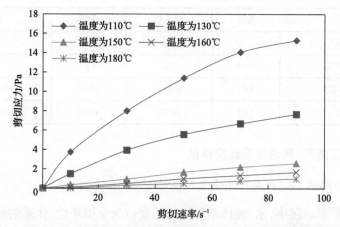

图 4-7　热水冷凝区不同温度下剪切应力与剪切速率变化关系

4. 热水冷凝区稠油流变模型研究

热水冷凝区中，热水相饱和度为 55%～75%、泡沫剂浓度为 0.5%～2.0%、温度为 110～180℃时，通过以上流变行为，根据体系流变模型式(4-1)可得

$$k = 1.12 \times 10^5 \times \left(\frac{1}{1 + e^{4.41 - 0.023S}} \right)^{0.98} \times \left(\frac{1}{1 + e^{-3.295 + 0.034C}} \right)^{1.06} \times (e^{-0.083T})^{0.85} \quad (4\text{-}4)$$

由表 4-3 可知，以上四个因素均与因变量有很好的相关性。对回归值稠度系数 k 的影响中，温度所占权重最大，其次为泡沫剂浓度，权重最小的是相饱和度。

表 4-3 热水冷凝区稠度系数 k 的多元线性拟合中各项系数的检验值

因素	系数	标准差	t 检验	P 值
常数项	4.99	0.95	5.21	0.00039
相饱和度	0.98	0.35	2.77	0.019
泡沫剂浓度	1.07	0.079	13.46	9.81×10^{-8}
温度	0.85	0.039	21.44	1.09×10^{-9}

$$n = 0.53 + \frac{0.21}{1 + e^{-11.34 + 0.246S}} + \frac{0.314}{1 + e^{5.13 - 0.042C}} + \frac{0.372}{1 + e^{7.01 - 0.045T}} \quad (4\text{-}5)$$

由表 4-4 可知，泡沫剂浓度对流变指数 n 的影响最大，温度次之，该范围内相饱和度对幂律指数的影响最小。

表 4-4 热水冷凝后流变指数 n 的多元线性拟合中各项系数的检验值

因素	系数	标准差	t 检验	P 值
常数项	−1.55	0.41	−3.81	0.0034
相饱和度	0.94	0.50	1.87	0.090
泡沫剂浓度	1.00	0.053	19.02	3.51×10^{-9}
温度	1.03	0.075	13.63	8.77×10^{-8}

4.2.3 蒸汽区蒸汽-稠油体系黏度特征

1. 蒸汽-泡沫相饱和度对油体系黏度的影响

在蒸汽腔驱油区中，水-油体系黏度的流变行为呈拟塑性，体系的黏度无定值，表观黏度随着剪切速率的增大而降低。另外，水相饱和度、泡沫剂浓度、温度对表观黏度的影响也不可忽视。在泡沫剂浓度为 1.0%、温度为 290℃和蒸汽干度为 70%时，不同蒸汽-泡沫相饱和度下的黏度与剪切速率的关系曲线如图 4-8 所示。

图 4-8 表示蒸汽-泡沫相饱和度在 10%～30%范围内，体系表现拟塑性非牛顿流体特征及剪切变稀特性。由于泡沫本身的表观黏度很高，在相同的剪切速率下，蒸汽-泡沫相饱和度越大，体系黏度越大。在相同的剪切速率下，随着蒸汽-泡沫相饱和度的减小，体系黏度下降，但下降幅度变大。

2. 泡沫剂浓度对油体系黏度的影响

在温度为 290℃、蒸汽-泡沫相饱和度为 20%、蒸汽干度为 70%、泡沫剂浓度为 0.5%～2.0%时，得到不同泡沫剂浓度下黏度随着剪切速率变化关系图版

（图 4-9）。如图 4-9 所示，当泡沫剂浓度在 0.5%～2.0%时，体系表现拟塑性非牛顿流体特征，随着剪切速率的增加，体系黏度下降。在相同的剪切速率下，随着泡沫剂浓度的增大，黏度增加，但增加幅度变小。而随着泡沫剂浓度的减小，体系的流变性趋于牛顿流体。

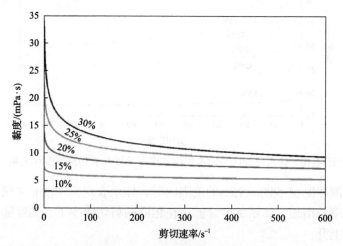

图 4-8　蒸汽区不同蒸汽-泡沫相饱和度下黏度与剪切速率变化关系

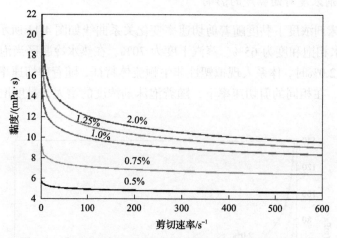

图 4-9　蒸汽区不同泡沫剂浓度下黏度与剪切速率变化关系

4.2.4　热水冷凝区稠油黏度特征

1. 水相饱和度对稠油黏度的影响

在热水冷凝区中，水-稠油体系黏度的流变行为呈拟塑性，体系黏度无定值，黏度随着剪切速率的增大而降低；黏度还与水相饱和度、泡沫剂浓度、温度密切相关。在温度为 150℃、泡沫剂浓度为 1.0%和蒸汽干度为 70%条件下，水相饱和度为 55%~75%时，得到以下图版(图 4-10)。

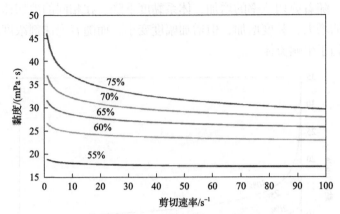

图 4-10　热水冷凝区不同水相饱和度下黏度与剪切速率变化关系

当水相饱和度在 55%~75%的范围内时，体系表现拟塑性非牛顿流体特征，随着剪切速率的增加，体系黏度降低；在相同的剪切速率下，黏度随着水相饱和度的上升而上升。

2. 泡沫剂浓度对油黏度的影响

不同泡沫剂浓度下黏度随着剪切速率变化关系曲线如图 4-11 所示。其中温度为 150℃、水相饱和度为 65%、蒸汽干度为 70%。在热水冷凝区当泡沫剂浓度范围在 0.5%~2.0%时，体系表现拟塑性非牛顿流体特征，随着剪切速率的增加，体系黏度下降。在相同的剪切速率下，随着泡沫剂浓度的增大，黏度增加，但增加幅度变小。

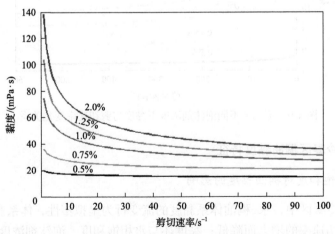

图 4-11　热水冷凝区不同泡沫剂浓度下黏度与剪切速率变化关系

3. 温度对油黏度的影响

不同温度下黏度随着剪切速率变化关系曲线如图 4-12 所示。其中蒸汽-泡沫相饱和度为 65%、泡沫剂浓度为 1.0%、蒸汽干度为 70%。温度在 110～170℃时，体系呈现拟塑性流体特征，黏度随着剪切速率的增加而减小。在相同的剪切速率下，随着温度升高，体系黏度下降，但下降幅度变小。

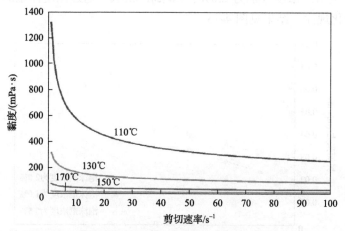

图 4-12　热水冷凝区不同温度下黏度与剪切速率变化关系

4.3　蒸汽-泡沫体系界面张力特征

泡沫剂的起泡是由其在气液界面上的吸附引起的，向含有一定浓度的泡沫剂的水溶液中通入氮气并充分分散，即可产生泡沫。泡沫是气液两相高度分散的非牛顿流体，当氮气分散于泡沫剂水溶液时，由于泡沫剂分子的定向排列，以及分子本身的静电位和表面黏度，就形成了较为稳定的液包气薄膜(气泡)，大量的气泡堆集在一起就形成泡沫。界面是指两相接触的约几个分子厚度的过渡区，如其中某一相为气体，这种界面通常称作表面。在固体和液体相接触的界面处，或在两种不同液体相接触的界面上，单位面积内两种物质的分子各自相对于本相内部相同数量的分子过剩自由能的加和值，就称为界面张力。泡沫剂非极性基团的碳氢分子之间有较大的侧向引力，尤其是直链的碳氢链较长的非极性基团，可产生相当强大的侧向引力，使形成的吸附膜非常结实、坚固，有一定强度。同时泡沫剂的表面活性分子可大幅度地降低溶液的表面张力，使液膜受到外力作用而变形时，即可局部形成较大的表面张力梯度，以便产生较大的马兰戈尼效应，使液膜具有可伸缩的弹性，导致液膜自行复原。另外，泡沫剂的亲水基团对水分子的吸引使液膜中的液体黏度显著增加，流动度大大降低，因而排液速度下降，故可增加泡沫的稳定性。

4.3.1　蒸汽区蒸汽-稠油体系界面张力

1. 泡沫剂浓度对蒸汽-稠油体系相间界面张力的影响

应用高温高压界面张力仪在 200℃下测定蒸汽-稠油体系相间界面张力值。其中 3 组泡沫剂溶液浓度分别为 2.0%、1.0%和 0.5%，通过测定体系的界面张力值来研究其变化规律，结果见图 4-13。

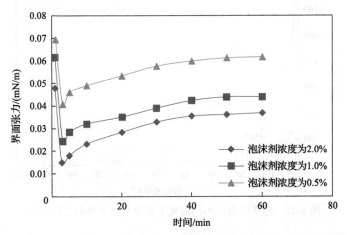

图 4-13　蒸汽区不同泡沫剂浓度下泡沫-稠油相间界面张力与时间变化关系

结果表明，在开始的 3min 内相间界面张力随着时间的增加而大幅度下降；当达到瞬时最低界面张力后，增大至相对稳定值。因为只有活性剂从体相溶液吸附到界面上，才能起到降低相间界面张力的作用。开始阶段，吸附速率大于脱附速率，活性剂在界面积累，这种积累显著降低了界面张力；同时随着时间增加，活性剂在界面的吸附量也在增加，形成高浓度梯度，使其脱附速率增大，界面的活性剂浓度降低，界面张力再次升高；当吸附速率与脱附速率达到平衡时，相间界面张力逐步达到相对稳定值。

泡沫剂浓度不同，相间界面张力降低的能力不同。在开始的 3min 内，泡沫剂浓度越大，其下降幅度越大。泡沫剂浓度为 2.0%的溶液，界面张力由 0.048mN/m 下降到 0.015mN/m；泡沫剂浓度为 1.0%的溶液，界面张力由 0.066mN/m 下降到 0.024mN/m；泡沫剂浓度为 0.5%的溶液，界面张力由 0.07mN/m 下降到 0.04mN/m。泡沫剂浓度越大，水相中活性物质的浓度越大，水相与界面的活性剂浓度梯度越大，其吸附速率越大，表现为界面张力下降幅度最大。3min 后，相界面张力逐渐增加，并且泡沫剂浓度越大，界面张力增加幅度越小。因为泡沫剂浓度越大，水相中活性物质越多。界面与水相的活性剂浓度梯度越小，其脱附速率越小，表现为界面张力上升幅度最小。

最终，泡沫剂浓度为 2.0%、1.0%和 0.5%的泡沫剂体系的界面张力值都趋于最稳态值，分别为 0.036mN/m、0.044mN/m 和 0.062mN/m。此时水相与界面上的活性剂吸附速率和脱附速率已达到动态平衡。

2. 温度对蒸汽-稠油相间界面张力的影响

蒸汽区为考虑温度对稠油-水相间界面张力变化规律，选用浓度为 1.0%的泡沫剂溶液，分别在 180℃、190℃和 200℃时应用高温高压界面张力仪测定体系的界面张力值，结果见图 4-14。

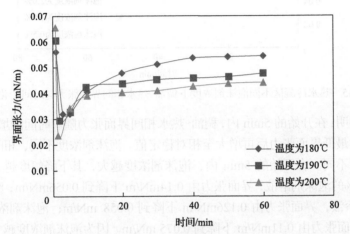

图 4-14　蒸汽区不同温度下泡沫-稠油相间界面张力与时间变化关系

结果表明，随着温度的增加，体系达到瞬时最低界面张力所需时间变小，并且随后界面张力上升幅度变大。例如，在 180℃时，需要 3min 左右达到瞬时最低界面张力，其值为 0.032mN/m；在 190℃时，需要 2min 左右达到瞬时最低界面张力，其值为 0.029mN/m；在 200℃时，需要 1.5min 左右达到瞬时最低界面张力，其值为 0.024mN/m。因为随着温度增加，吸附速率常数增加，所以吸附速率也会增加，活性剂更快地被吸附到界面上，形成高的浓度梯度，同样活性剂的脱附速率也相应增加，所以温度越高，界面张力增加幅度越大。并且温度越高，最终界面张力稳定值越小。例如，在 180℃时，界面张力稳定值为 0.054mN/m；在 190℃时，界面张力稳定值为 0.047mN/m；在 200℃时，界面张力稳定值为 0.04mN/m。

4.3.2　热水冷凝区稠油-热水体系界面张力

1. 泡沫剂浓度对稠油-热水体系界面张力的影响

应用高温高压界面张力仪在 150℃下测定稠油-热水体系的界面张力值。泡沫剂溶液浓度分别为 2.0%、1.0%和 0.5%，测定各体系的界面张力值变化规律，见图 4-15。

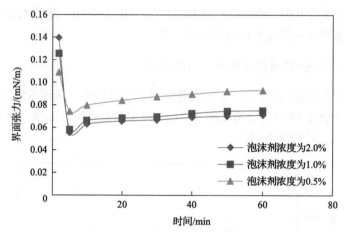

图 4-15　热水冷凝区不同泡沫剂浓度下稠油-热水相间界面张力与时间变化关系

结果表明，在开始的 5min 内，稠油-热水相间界面张力随着时间的增加而下降；当达到瞬时最低界面张力后再增大至相对稳定值。泡沫剂浓度不同，相间界面张力的降低能力不同。在开始的 5min 内，泡沫剂浓度越大，其下降幅度越大。例如，浓度为 2.0%的泡沫剂溶液，界面张力由 0.14mN/m 下降到 0.056mN/m；泡沫剂浓度为 1.0%的溶液，界面张力由 0.126mN/m 下降到 0.058 mN/m；泡沫剂浓度为 0.5%的溶液，界面张力由 0.11mN/m 下降到 0.075 mN/m。因为泡沫剂浓度越大，水相中活性物质浓度越大，水相与界面的活性剂浓度梯度越大，其吸附速率越大，表现为界面张力下降幅度最大。5min 后，相界面张力缓慢增加，并且泡沫剂浓度越大，界面张力增加幅度越小。因为泡沫剂浓度越大，水相中活性物质越多。界面与水相的活性剂浓度梯度越小，其脱附速率越小，所以表现为界面张力上升幅度最小。

泡沫剂浓度为 2.0%、1.0%和 0.5%的泡沫剂体系的最终界面张力都趋于最稳态值，分别为 0.0713mN/m、0.0748mN/m 和 0.0933mN/m。此时水相与界面上的活性剂吸附速率与脱附速率达到动态平衡。

2. 温度对稠油-热水体系界面张力的影响

在热水冷凝区为考虑温度对稠油-热水相间界面张力的影响规律，选用泡沫剂浓度为 1.0%的泡沫剂溶液，分别在 130℃、150℃和 160℃时应用高温高压界面张力仪测定稠油-热水体系的界面张力值，结果见图 4-16。

结果表明，随着温度增加，体系达到瞬时最低界面张力所需时间变短，并且随后界面张力上升幅度变大。例如，在 130℃时，需要 8min 左右达到瞬时最低界面张力 0.041mN/m；在 150℃时，需要 5min 左右达到瞬时最低界面张力

0.038mN/m；在 160℃时，需要 4min 左右达到瞬时最低界面张力 0.031mN/m。因为随着温度增加，吸附速率常数增加，所以吸附速率也会增加，活性剂更快地被吸附到界面上，形成高的浓度梯度，同样活性剂的脱附速率也相应增加，所以温度越高，界面张力的增加幅度越小。

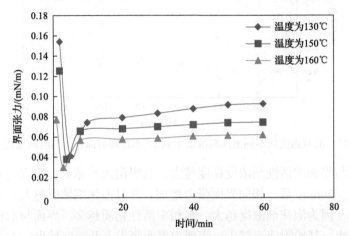

图 4-16　热水冷凝区不同温度下稠油-热水相间界面张力与时间变化关系

温度越高，界面张力稳定值越小。例如，在 130℃时，界面张力稳定值为 0.094mN/m；在 150℃时，界面张力稳定值为 0.0748mN/m；在 160℃时，界面张力稳定值为 0.0632mN/m。

4.3.3　油藏温度区稠油-热水体系界面张力

1. 泡沫剂浓度对稠油-水体系界面张力的影响

应用高温高压界面张力仪在 65℃下测定稠油-水体系的界面张力值。其中 3 组泡沫剂浓度分别为 2.0%、1.0% 和 0.5%，1 组不含泡沫剂溶液，实验中水相均加入氢氧化钠使其质量分数为 0.25%。通过测定各体系的界面张力研究其变化规律，见图 4-17。

结果表明，在开始的 20min 内，稠油-水相间界面张力值随着时间的增加而下降；当达到瞬时最低界面张力值后开始增大最终达到相对稳定值。

泡沫剂的存在能使体系的界面张力的下降幅度更大，并使最低界面张力达到 0.01mN/m。泡沫剂浓度不同，相间界面张力的降低能力不同。在开始的 20min 内，泡沫剂浓度越大，界面张力下降幅度越大。例如，浓度为 2.0% 的泡沫剂溶液，界面张力由 0.18mN/m 下降到 0.0098mN/m；泡沫剂浓度为 1.0% 的溶液，动态界面张力由 0.226mN/m 下降到 0.0173mN/m；泡沫剂浓度为 0.5% 的溶液，动态界面张力由 0.23mN/m 下降到 0.04mN/m。因为泡沫剂浓度越大，水相中活性物质浓度

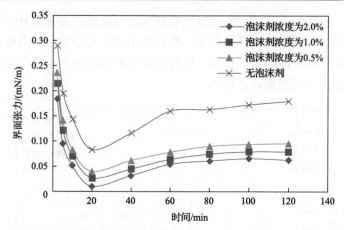

图 4-17　油藏温度区不同泡沫剂浓度下稠油-水相间界面张力与时间变化关系

越大，水相与界面的活性剂浓度梯度越大，其吸附速率越大，表现为界面张力下降幅度最大。20min 后，相间界面张力增加。并且泡沫剂浓度越大，界面张力增加幅度越小。因为泡沫剂浓度越大，水相中活性物质越多。界面与水相的活性剂浓度梯度越小，其脱附速率越小，表现为界面张力上升幅度最小。

泡沫剂浓度为 2.0%、1.0% 和 0.5% 的泡沫剂体系的界面张力最终都趋于稳定值，分别为 0.0779mN/m、0.0802mN/m 和 0.0857mN/m。此时水相与界面上的活性剂吸附速率与脱附速率达到动态平衡。

2. 温度对稠油-水体系界面张力的影响

为研究温度对稠油-水相间界面张力影响规律，选用泡沫剂浓度为 1.0% 的泡沫剂溶液，分别在 65℃、75℃ 和 85℃ 时，测定稠油-水两相的界面张力值，结果见图 4-18。

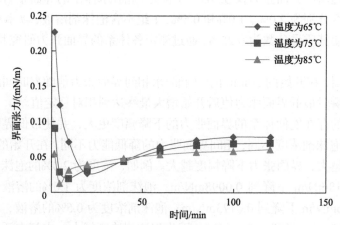

图 4-18　油藏温度区泡沫剂稀释 100 倍时不同温度下稠油-水相间界面张力与时间变化关系

结果表明，随着温度增加，体系达到瞬时最低界面张力所需时间变短，并且随后界面张力上升幅度变大。例如，在 65℃时，需要 20min 左右达到瞬时最低界面张力 0.024mN/m；在 75℃时，需要 10min 左右达到瞬时最低界面张力 0.024mN/m；在 85℃时，需要 5min 左右达到瞬时最低界面张力 0.003mN/m。

温度越高，最终界面张力稳定值越小。例如，在 65℃时，最稳态界面张力稳定值为 0.0802mN/m；在 75℃时，最稳态界面张力稳定值为 0.0732mN/m；在 85℃时，最稳态界面张力稳定值为 0.0623mN/m。

4.4　蒸汽-泡沫体系不同温度区域渗流特征

4.4.1　蒸汽区蒸汽-稠油渗流特征

1. 蒸汽-稠油体系岩心渗流特征

将人造岩心粉碎成 60～120 目的粉末，装入填砂管中制成渗透率为 2000mD 左右的岩心模型，模拟地层压力 7.6MPa。将 290℃的蒸汽和泡沫剂溶液按 1：1 的比例，以 2mL/min 的速度注入岩心，并注入 N_2，N_2 注入压力为 3MPa；同时将油以某一恒定的流速注入岩心，直到岩心两端压力稳定，记录岩心两端的压力及流量；泡沫剂浓度分别为 2.0%、1.0% 和 0.5%，结果见图 4-19。

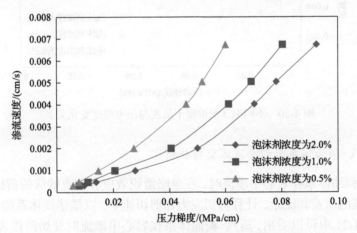

图 4-19　不同泡沫剂浓度下渗流速度与压力梯度变化关系

结果表明，蒸汽-稠油体系在岩心中渗流时渗流速度随压力梯度的增加而增加，且增加幅度逐渐变大。因为蒸汽-稠油体系中含有大量泡沫，在岩心中渗流时容易堵塞孔隙喉道，造成体系渗流时受阻，压力梯度增加。当压力梯度达到某一数值时，渗流速度与压力梯度逐渐呈线性关系。当渗流速度为 0.002cm/s 时，泡沫剂浓度为 0.5%、1.0% 和 2.0%时对应的压力梯度分别为 0.027MPa/cm、

0.041MPa/cm 和 0.050MPa/cm。

可见，渗流速度相同、蒸汽-稠油体系的泡沫剂浓度由 0.5%增大到 2.0%时，渗流所需压力梯度增大，但压力梯度的增大幅度变小。渗流速度为 0.002cm/s 时，泡沫剂浓度为 1.0%的体系渗流时压力梯度为 0.041MPa/cm，高出泡沫剂浓度为 0.5%的体系 0.014MPa/cm；泡沫剂浓度为 2.0%的体系渗流时压力梯度为 0.050MPa/cm，高出泡沫剂浓度为 1.0%的体系 0.009MPa/cm。这是因为随着泡沫剂浓度的减小，体系产生的泡沫在减小，渗流时受到的封堵阻力下降，其压力梯度也会变小，并且泡沫减少幅度随着泡沫剂浓度的减小而增大。

图 4-20 表示蒸汽-稠油体系在岩心中渗流时流度与压力梯度的变化关系，体系的流度随压力梯度的增加而增加，有趋于稳定的趋势。但随着泡沫剂浓度的减小，体系流度的增大幅度在变小。例如，泡沫剂浓度为 2.0%时，体系流度由 $0.0035\mu m^2/(mPa \cdot s)$ 增加至 $0.0073\mu m^2/(mPa \cdot s)$ 并趋于稳定，增大幅度为 109%。

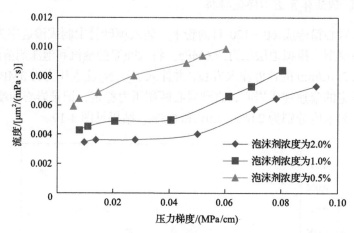

图 4-20　不同泡沫剂浓度下流度与压力梯度变化关系

2. 蒸汽-稠油体系岩心渗流流变特征研究

蒸汽-稠油体系在岩心中渗流时，在忽略滑脱效应和端点效应的前提下，测定进出口两端的压差和流量，计算剪切应力和剪切速率，以描述该体系的流变行为。

从图 4-21 中可以看出，蒸汽-稠油体系在岩心中渗流时开始阶段表现拟塑性非牛顿流体特征，随着剪切速率的增加，体系有向牛顿流体转化的趋势。在相同的剪切速率下，随着泡沫剂浓度由 0.5%增大到 2.0%，剪切应力增大，但增加幅度在变小。例如，剪切速率为 37.21s^{-1} 时，泡沫剂浓度为 1.0%的泡沫剂体系剪切应力为 14.79Pa，其剪切应力高于泡沫剂浓度为 0.5%的体系 4.86Pa；泡沫剂浓度为 2.0%的体系剪切应力为 18.26Pa，其剪切应力高于泡沫剂浓度为 1.0%的体系 3.47Pa。

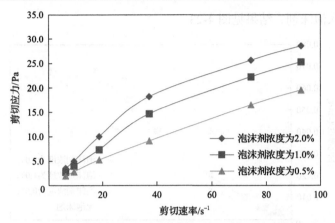

图 4-21　不同浓度泡沫剂下剪切应力与剪切速率变化关系

图 4-22 表示体系在岩心中渗流时黏度随剪切速率的变化关系，体系的黏度随剪切速率的增加而降低，随着剪切速率的增大，体系黏度趋于稳定。使用的泡沫剂浓度越大，体系黏度越大，且稳定值也越大。泡沫剂浓度为 0.5%的体系渗流时黏度稳定值为 203.7mPa·s；泡沫剂浓度为 1.0%的体系渗流时黏度的稳定值为 289mPa·s；泡沫剂浓度为 2.0%的体系渗流时黏度的稳定值为 332mPa·s。

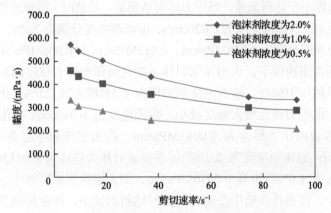

图 4-22　不同浓度泡沫剂下黏度与剪切速率变化关系

4.4.2　热水冷凝区稠油-热水渗流特征

1. 热水冷凝区稠油岩心渗流特征研究

取渗透率为 2000mD 左右的人造岩心，模拟地层压力 7.6MPa。将 150℃的蒸汽和泡沫剂溶液按 1∶1 的比例，以 1mL/min 的速度注入岩心中，并注入 N_2，N_2 注入压力为 1MPa。同时将油以某一恒定的流速注入岩心中，直到岩心两端压差稳定，记录岩心两端的压差及流速；泡沫剂浓度分别为 2.0%、1.0% 和 0.5%；其中 1 组未加入泡沫剂，结果见图 4-23。

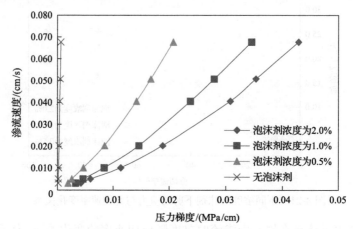

图 4-23　热水冷凝区渗流速度与压力梯度变化关系

结果表明，体系的渗流速度随压力梯度增加而增加。无泡沫剂情况下曲线近似为直线。在 150℃下，油的黏度很小，油近似为牛顿流体。含泡沫剂时体系含有少量泡沫，当体系在多孔介质中渗流时，泡沫会封堵住孔隙喉道，造成渗流阻力增加，表现为渗流速度小于达西流速。当压力梯度达到某一数值时，渗流速度与压力梯度逐渐呈线性关系。当渗流速度为 0.020cm/s，泡沫剂浓度分别为 2.0%、1.0% 和 0.5% 时对应的压力梯度分别为 0.018MPa/cm、0.015MPa/cm 和 0.008MPa/cm。

在相同的渗流速度下，无泡沫剂时体系渗流所需的压力梯度远远小于含泡沫剂时体系渗流的压力梯度。随着泡沫剂浓度由 0.5% 增大到 2.0%，体系渗流时压力梯度增大，但压力梯度增大幅度减小。渗流速度为 0.010cm/s 时泡沫剂浓度为 1.0% 的体系渗流时压力梯度为 0.0083MPa/cm，高出泡沫剂浓度为 0.5% 的体系 0.0037MPa/cm；泡沫剂浓度为 2.0% 的体系渗流时压力梯度为 0.0113MPa/cm，高出泡沫剂浓度为 1.0% 的体系 0.0030MPa/cm，因为泡沫剂浓度越小，体系中产生的泡沫量越少，在多孔介质中渗流时所受封堵阻力越小，即在相同渗流速度下其压力梯度越小。

图 4-24 表示体系流度与压力梯度的变化关系，无泡沫剂存在时，体系流度维持在 1.003μm²/(mPa·s)。含泡沫剂时体系流度随压力梯度的增加而增加，但是随着泡沫剂浓度由 2.0% 减小到 0.5%，增加幅度减小并趋于稳定。例如，泡沫剂浓度为 2.0% 时，体系流度由 0.0082μm²/(mPa·s) 增加至 0.0158μm²/(mPa·s) 并趋于稳定，增加幅度 92.7%；泡沫剂浓度为 1.0% 时，体系流度由 0.011μm²/(mPa·s) 增加至 0.0196μm²/(mPa·s) 并趋于稳定；泡沫剂浓度为 0.5% 时，体系流度由 0.02μm²/(mPa·s) 增加至 0.0327μm²/(mPa·s) 并趋于稳定。

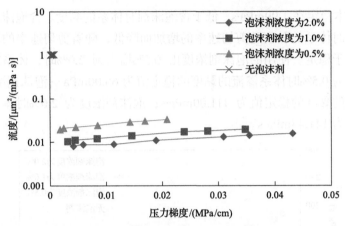

图 4-24　热水冷凝区体系流度与压力梯度变化关系

2. 热水冷凝区稠油岩心渗流流变特征研究

在相同的剪切速率、含泡沫剂时体系在岩心中渗流时的剪切应力远远大于不含泡沫剂时的剪切应力。因为在 150℃下无泡沫剂时体系的剪切应力与剪切速率呈直线关系，表现牛顿流体特征；含泡沫剂时体系由于有泡沫的封堵作用而表现拟塑性非牛顿流体特征，详见图 4-25。

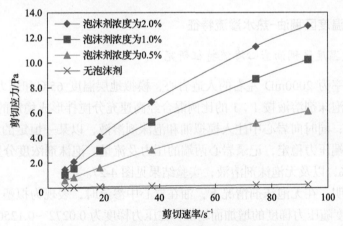

图 4-25　热水冷凝区剪切应力与剪切速率变化关系

含泡沫剂时体系在相同的剪切速率下，随着泡沫剂浓度由 0.5%增加到 2.0%，剪切应力增大，但增加幅度变小。剪切速率为 $37.21s^{-1}$ 时，泡沫剂浓度为 1.0%的体系剪切应力为 5.30Pa，比浓度为 0.5%的体系高 2.23Pa；泡沫剂浓度为 2.0%的体系剪切应力为 6.86Pa，比浓度为 1.0%的体系高 1.56Pa。

图 4-26 表示体系在岩心中渗流时黏度随剪切速率的变化关系，无泡沫剂情况

下，黏度基本稳定在 1.99mPa·s，低于含泡沫剂时体系的黏度。含泡沫剂时体系在岩心中渗流时体系的黏度随剪切速率的增加而降低，随着剪切速率的增大，体系黏度逐渐趋于稳定。使用的泡沫剂浓度由 0.5%增大到 2.0%时，体系黏度增大。泡沫剂浓度为 0.5%时体系渗流的黏度的稳定值为 66.00mPa·s；泡沫剂浓度为 1.0%时体系渗流的黏度的稳定值为 111.00mPa·s；泡沫剂浓度为 2.0%时体系渗流的黏度的稳定值为 141.43mPa·s。

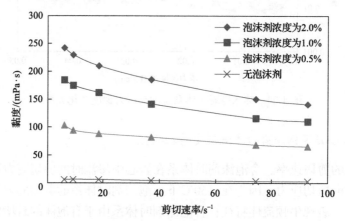

图 4-26　热水冷凝区黏度与剪切速率变化关系

4.4.3　油藏温度区稠油-热水渗流特征

1. 油藏温度区稠油岩心渗流特征研究

取渗透率为 2000mD 左右的人造岩心，模拟地层温度 65℃和压力 7.6MPa。将模拟油与泡沫剂溶液按 1∶1 的比例混合经高速充分搅拌形成稳定的乳状液，倒入中间容器；同时向岩心中注入模拟油和泡沫剂溶液，以某一恒定的流速注入，直到岩心两端压力稳定，记录岩心两端的压力及流量。泡沫剂浓度分别为 2.0%、1.0%和 0.5%，以及无泡沫剂溶液，实验结果见图 4-27。

结果表明，在无泡沫剂情况下，油在岩心中渗流时，表现为拟塑性非牛顿流体，渗流速度随压力梯度的增加而增加。在压力梯度为 0.0272～0.1250MPa/cm 时会发生油的渗流，为非达西流；渗流速度为 0.0003～0.001cm/s，远小于达西流流速；之后随压力梯度的增加，渗流速度增加，渗流速度与压力梯度有逐渐呈线性关系的趋势。稠油-泡沫剂体系的渗流速度随压力梯度的增加而急剧增加，在相同的压力梯度下，其远远大于无泡沫剂时的渗流速度。

稠油-泡沫剂体系在岩心中渗流时，表现出非牛顿流体特征。泡沫剂浓度越大，流体表现为非牛顿流体特征的压力梯度越小。例如，泡沫剂浓度为 2.0%时，

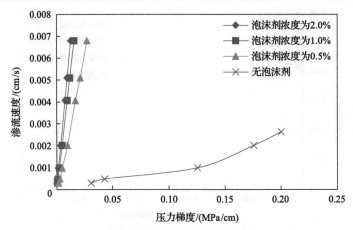

图 4-27 油藏温度区渗流速度与压力梯度变化关系

压力梯度范围为 0.00028~0.013MPa/cm；泡沫剂浓度为 1.0%时，压力梯度范围为 0.0007~0.016MPa/cm；泡沫剂浓度为 0.5%时，压力梯度范围为 0.0019~0.027MPa/cm，其渗流速度小于达西流；之后随着压力梯度增加到某一值，二者渐渐呈直线关系。泡沫剂浓度分别为 0.5%、1.0%和 2.0%时的最终压力梯度分别为 0.027MPa/cm、0.016MPa/cm 和 0.013MPa/cm。

在相同的渗流速度下，随着泡沫剂浓度的增大，体系在岩心中渗流时的压力梯度减小，并且减小幅度也在减小。例如，渗流速度为 0.001cm/s 时泡沫剂浓度为 0.5%的压力梯度为 0.0051MPa/cm，比泡沫剂浓度为 1.0%的压力梯度高出 0.0027MPa/cm；泡沫剂浓度为 1.0%的压力梯度为 0.0024MPa/cm，比泡沫剂浓度为 2.0%的压力梯度高出 0.0004MPa/cm。因为泡沫剂溶液与油混合后形成水包油型乳状液，体系黏度大大降低；并且泡沫剂浓度越大，水包油型乳状液越多，体系的黏度也就越低，所以在多孔介质中渗流所受的阻力越小，表现为渗流速度越大。

对比 4 条流度随压力梯度变化关系曲线可以发现(图 4-28)，无泡沫剂时体系的流度远远小于稠油-水体系的流度，流度随着压力梯度的增加而增加。无泡沫剂情况下，当压力梯度由 0.027MPa/cm 增大至 0.175MPa/cm，体系的流度由 0.0009μm²/(mPa·s)增加至 0.0026μm²/(mPa·s)，流度增加的幅度很小。

泡沫剂浓度越大，体系流度越大，且随着压力梯度增加其增加幅度越大。压力梯度在 0.0068~0.02MPa/cm 范围变化时，泡沫剂浓度为 0.5%的稠油-水体系流度由 0.018μm²/(mPa·s)增加至 0.023μm²/(mPa·s)；泡沫剂浓度为 1.0%的稠油-水体系流度由 0.041μm²/(mPa·s)增大至 0.045μm²/(mPa·s)；泡沫剂浓度为 2.0%的稠油-水体系流度由 0.049μm²/(mPa·s)增大到 0.058μm²/(mPa·s)。在相同压力梯度下，随着泡沫剂浓度的增大，体系流度增加，但增加幅度减小。

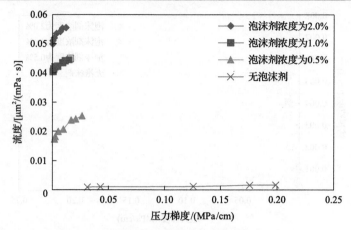

图 4-28　油藏温度区流度与压力梯度变化关系

2. 油藏温度区稠油岩心渗流流变特征研究

图 4-29 表示体系在岩心中渗流时的流变性，剪切应力随剪切速率的增加而增加。

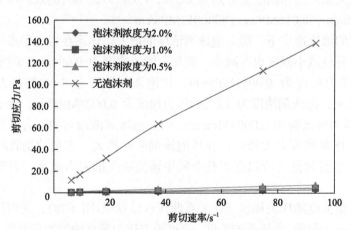

图 4-29　油藏温度区剪切应力与剪切速率变化关系

无泡沫剂时体系在岩心中渗流时表现拟塑性非牛顿流体特征。随剪切速率增加，剪切应力增加幅度较大。剪切速率由 $6.22s^{-1}$ 增加到 93.32^{-1} 时，剪切应力由 12.1Pa 增加到 138.9Pa。

稠油-水体系在岩心中渗流开始阶段也表现拟塑性非牛顿流体特征，随后随着剪切速率的增加，有向牛顿流体转化的趋势。在相同剪切速率下，剪切应力随着泡沫剂浓度的增大而降低，并且降低幅度变小。例如，当剪切速率为 $74.66s^{-1}$ 时泡沫剂浓度为 0.5%的剪切应力为 6.21Pa，高出泡沫剂浓度为 1.0%时 2.81Pa；泡沫剂浓度为 1.0%的剪切应力为 3.40Pa，高出泡沫剂浓度为 2.0%时 1.90Pa。

图 4-30 表示体系在岩心中渗流时黏度随剪切速率的增加而降低。无泡沫剂体系在岩心中渗流时表现剪切变稀特性，黏度随剪切速率的增加而降低。当剪切速率达到 $37.33s^{-1}$ 时黏度为 1628mPa·s，有趋于稳定的趋势。

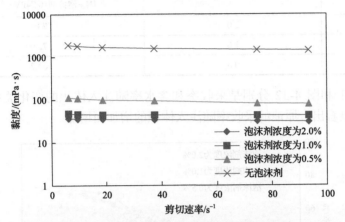

图 4-30 油藏温度区黏度与剪切速率变化关系

稠油-水体系在岩心中渗流，随着剪切速率增大，黏度渐渐稳定。泡沫剂浓度为 2.0%的体系黏度稳定值为 36.09mPa·s；泡沫剂浓度为 1.0%的体系黏度稳定值为 45.00 mPa·s；泡沫剂浓度为 0.5%的体系黏度稳定值为 82.55 mPa·s。

同时，所用泡沫剂浓度越小，剪切变稀特性越明显。因为油与泡沫剂溶液形成水包油型乳状液，泡沫剂浓度越高，体系黏度越低，越倾向于牛顿流体。

4.5 蒸汽-泡沫体系不同温度区域驱油效果

利用渗透率为 2000mD 左右的填砂管和岩心，模拟地层压力和三个区域的温度，在不同泡沫剂浓度条件下进行驱替实验，从驱油效果、注入压力和产液指数三个方面研究在不同泡沫剂浓度下稠油蒸汽-泡沫驱不同温度区域驱油效果。

4.5.1 蒸汽区蒸汽-稠油体系驱替效果

1. 驱油效果

N_2+泡沫剂+蒸汽驱实验泡沫剂浓度分别为 2.0%、1.0%和 0.5%。表 4-5 结果表明，泡沫剂浓度越大，其最终采收率越大。方案 1 使用的泡沫剂浓度为 2.0%，其最终采收率最大，为 73.4%；方案 3 使用的泡沫剂浓度为 0.5%，其最终采收率最小，为 63.2%；泡沫剂浓度越小，其最终采收率越小。因为泡沫剂浓度越大，其形成的泡沫越多，在多孔介质中对蒸汽的封堵作用越明显，能防止蒸汽过早窜出，使蒸汽发挥更大作用，最终采收率越大。

表 4-5 蒸汽区不同泡沫剂浓度时人造岩心驱油效果　　（单位：%）

方案序号	泡沫剂浓度	采收率
		(N₂+泡沫剂) 0.24PV+蒸汽驱
1	2.0	73.4
2	1.0	72.9
3	0.5	63.2

图 4-31 和图 4-32 分别是采收率和含水率随注入体积的变化关系曲线，从图 4-31 可以看出，原油的采收率随注入体积的增加而增加。

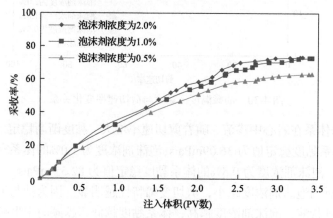

图 4-31　蒸汽区采收率与注入体积变化关系

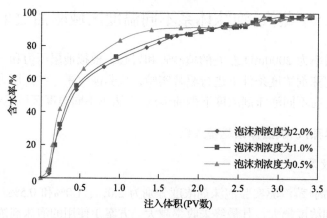

图 4-32　蒸汽区含水率与注入体积变化关系

从图 4-32 可以看出，泡沫剂浓度为 0.5%的方案含水率最高，泡沫剂浓度为 2.0%的方案含水率最低。进一步说明了泡沫剂浓度越大，封堵效果越好，可以有效防止蒸汽窜出。

2. 产液指数

从图 4-33 中可以看出，三条采液指数曲线均先减小后增大。在注入体积小于 0.24PV 时，三个实验方案的采液指数变化趋势相同，基本维持在 0.82mL/（h·MPa）。

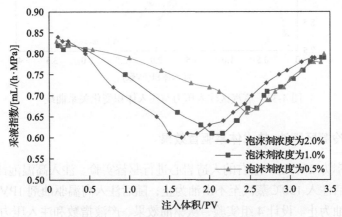

图 4-33　蒸汽区采液指数与注入体积变化关系

注入体积大于 0.24PV 后即开始注入 290℃的蒸汽，其采液指数发生变化。泡沫剂浓度为 2.0%的实验方案采液指数下降趋势最大，由 0.84mL/（h·MPa）下降到 0.60mL/（h·MPa）。泡沫剂浓度为 1.0%的实验方案采液指数由 0.82mL/（h·MPa）下降到 0.61mL/（h·MPa）。泡沫剂浓度为 0.5%的实验方案采液指数由 0.83mL/（h·MPa）下降到 0.66 mL/（h·MPa）。

后续采液指数增加，说明此时泡沫的封堵作用在逐渐变小，蒸汽开始突破。最终采液指数维持在 0.8mL/（h·MPa）。

3. 注入压力

图 4-34 表示注入压力随注入体积的变化关系，在注入体积小于 1.0PV 时注入压力随着注入体积的增加而迅速增加。注入压力提高说明蒸汽泡沫调剖降低了蒸汽的流度，提高了封堵压差，达到了封堵蒸汽汽窜通道、调整吸汽剖面、提高驱替波及系数的目的。

使用不同的泡沫剂浓度实验方案，曲线中注入压力增加程度不同。注入体积为 0.5～1.5PV 时，注入压力达到峰值。泡沫剂浓度为 2.0%、1.0%、0.5%时，注入压力分别稳定在 12.27MPa、11.83MPa、10.83MPa 左右。

随着蒸汽继续注入，泡沫所起的封堵作用渐渐失效，蒸汽开始发生汽窜。此时注入压力急剧下降，之后稳定在 7.6MPa 左右。

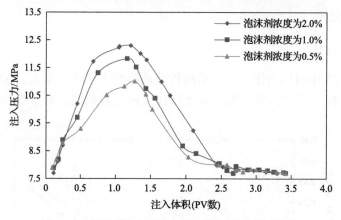

图 4-34　蒸汽区注入压力与注入体积变化关系曲线

4.5.2　热水冷凝区稠油-热水体系驱替效果

取渗透率为 2000mD 左右的人造岩心进行驱替实验。注入高温泡沫剂和 N_2 共 0.24PV，之后注入 150℃蒸汽至不出油为止；随后注入高温驱油剂 1PV，再进行蒸汽驱至不出油为止。设计 4 组实验，从驱油效果、产液指数和注入压力等方面，研究不同浓度泡沫剂热水冷凝区稠油-热水体系的驱替效果。

1. 驱油效果

进行了 3 组 N_2+泡沫剂+热水驱和驱油剂+热水驱实验，其中方案 5、6 和 7 使用的泡沫剂浓度分别为 2.0%、1.0%和 0.5%，另外 1 组只进行驱油剂+热水驱实验。

当 N_2+泡沫剂+热水驱驱替结束后，实验方案 5、6 和 7 的采收率随着泡沫剂浓度的减小而减小(表 4-6)。方案 5 中泡沫剂浓度为 2.0%，其采收率为 41.26%；方案 6 中泡沫剂浓度为 1.0%，其采收率为 40.02%；方案 7 中泡沫剂浓度为 0.5%，其采收率为 34.81%。说明在一定浓度范围内，使用的泡沫剂浓度越大，采收率越高。

表 4-6　热水冷凝区不同泡沫剂浓度时人造岩心驱油效果　　　　　(单位：%)

方案序号	浓度	采收率		最终采收率
		(N_2+泡沫剂) 0.24PV+热水驱	驱油剂 1PV+热水驱	
4	—	—	57.65	57.65
5	2.0	41.26	38.46	79.72
6	1.0	40.02	40.33	80.35
7	0.5	34.81	41.53	76.34

方案 5 的 N_2+泡沫剂+热水驱采收率比方案 6 高出 1.24 个百分点，方案 6 的 N_2+泡沫剂+热水驱采收率比方案 7 高出 5.21 个百分点，说明泡沫剂浓度由 1.0%

增至 2.0%时，所增加的封堵能力要低于泡沫剂浓度由 0.5%增至 1.0%。

当进行驱油剂+热水驱驱替时，涉及 4 个实验方案。其中方案 4 的采收率最高，为 57.65%。因为方案 4 未经过 N_2+泡沫剂+热水驱驱替，所以岩心中可动油量大。方案 5、6 和 7 的驱油剂+热水驱采收率分别为 38.46%、40.33%和 41.53%，因为 3 个方案都进行过 N_2+泡沫剂+热水驱驱替，岩心中剩余油量也是方案 5 最小，方案 6 次之，方案 7 最大。

使用不同浓度泡沫剂的 3 个实验方案的最终采收率分别是 79.72%、80.35%和 76.34%。分别比实验方案 4 的高出 22.07 个百分点、22.70 个百分点和 18.69 个百分点。说明在热水冷凝区当蒸汽凝结为水时，还有气相 N_2 的存在，不仅能发挥泡沫驱油的应有作用，而且还可提高高温过热水泡沫效率。

图 4-35 和图 4-36 中的曲线表示 4 个实验方案的采收率和采出液中含水率随注入体积变化关系。当只进行驱油剂+热水驱驱替时，注入体积小于 1PV 时采收率的增加幅度大，之后采收率随注入体积逐渐增加至 57.65%。

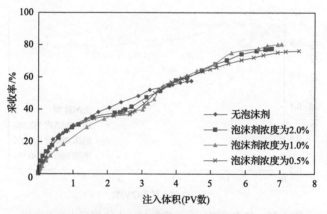

图 4-35　热水冷凝区采收率与注入体积变化关系曲线

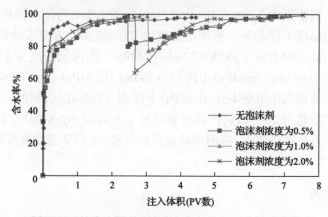

图 4-36　热水冷凝区含水率与注入体积变化关系曲线

当进行 N_2+泡沫剂+热水驱驱替时，采收率变化曲线在 2.4PV 左右处出现上升趋势。因为此时继续进行驱油剂+热水驱驱替。

从含水率曲线上可以看出，只进行驱油剂+热水驱的方案含水率最高；进行 N_2+泡沫剂+热水驱后含水率曲线下降。说明采出液中见水少，在热水冷凝区泡沫对热水也能形成封堵。在注入 2.6～3.4PV 后，泡沫剂浓度为 2.0%时含水率最低。说明在一定浓度范围内，泡沫剂浓度为 2.0%时对热水形成的封堵作用最强，泡沫剂浓度为 1.0%时次之，泡沫剂浓度为 0.5%时最弱。

2. 产液指数

图 4-37 表示 4 个实验方案的产液指数随注入体积变化关系。只进行驱油剂+热水驱的方案，注入体积为 0～1PV 时，采液指数增加至 0.964mL/(h·MPa)；注入体积大于 1PV 时，1PV 的高温驱油剂段塞注完，开始注入高温过热水，产液指数降低至 0.886mL/(h·MPa)。

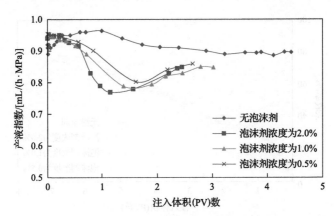

图 4-37　热水冷凝区产液指数与注入体积变化关系曲线

对于泡沫剂浓度为 2.0%、1.0% 和 0.5% 的实验方案，当注入体积大于 0.24PV 时产液指数均出现下降趋势。泡沫剂浓度为 2.0% 的实验方案采液指数下降趋势最大，由 0.94mL/(h·MPa) 下降到 0.77mL/(h·MPa)。泡沫剂浓度为 1.0% 的实验方案采液指数由 0.954mL/(h·MPa) 下降到 0.795mL/(h·MPa)。泡沫剂浓度为 0.5% 的实验方案采液指数由 0.954mL/(h·MPa) 下降到 0.803mL/(h·MPa)。添加泡沫剂的方案注入体积超过 2PV 以后产液指数增加至 0.85mL/(h·MPa) 左右。说明此时泡沫的封堵作用在逐渐变小，高温过热水开始突破。最终采液指数维持在 0.85mL/(h·MPa)。

3. 注入压力

图 4-38 表示注入压力随注入体积的变化关系，只进行驱油剂+热水驱方案的

注入压力在注入体积为 0.15PV 时迅速增加到 8.49MPa；在 0.15～1PV 时下降至 7.70MPa；在大于 1PV 后稳定在 7.8MPa 左右。

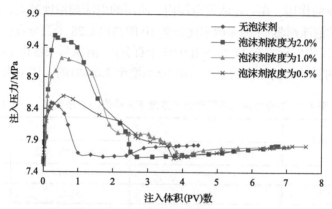

图 4-38　热水冷凝区注入压力与注入体积变化关系曲线

使用不同的泡沫剂浓度实验方案，开始阶段注入压力随着注入体积的增加而迅速增加。注入压力提高说明热水泡沫调剖降低了热水的流度，提高了封堵压差，达到了封堵热水流通道，提高驱替波及系数的目的。

曲线中注入压力增加的程度不同，且注入体积为 0.5～1.5PV 时注入压力会稳定一段时间。泡沫剂浓度为 2.0%的方案，注入压力增加的幅度最大，并且稳定在 9.48MPa 左右；泡沫剂浓度为 0.5%的方案，注入压力增加的幅度最小，并且稳定在 8.55MPa 左右；泡沫剂浓度为 1.0%的方案，注入压力可以稳定在 9.18MPa 左右。随着高温过热水继续注入，泡沫所起的封堵作用渐渐失效，热水开始发生指进。此时注入压力急剧下降。此后进行驱油剂+热水驱驱替，注入压力先下降后逐渐增加并稳定在 7.82MPa 左右。

4.5.3　油藏温度区稠油-热水体系驱替效果

取渗透率为 2000mD 左右的人造岩心进行驱替实验，注入高温泡沫剂 0.24PV，随后注入高温驱油剂 1PV，之后进行水驱至不出油为止。设计 4 组实验，从驱油效果（采收率和含水率）、产液指数和注入压力等方面，研究不同浓度泡沫剂油藏温度区稠油-水体系的驱替效果。

1. 驱油效果

进行 3 组泡沫剂+驱油剂+水驱实验，其中泡沫剂浓度分别为 2.0%、1.0%和 0.5%。另外 1 组只进行驱油剂+水驱实验。

当泡沫剂驱驱替结束后，实验方案 9、10 和 11 的采收率随着泡沫剂浓度的减小而减小。例如，方案 9 中泡沫剂浓度为 2.0%，其采收率为 11.21%；方案 10 中泡沫剂浓度为 1.0%，其采收率为 10.93%；方案 11 中泡沫剂浓度为 0.5%，其采收率为 10.02%。在油藏温度区，泡沫剂溶液不会产生泡沫并起到封堵作用，只起到表面活性剂驱的作用。在一定浓度范围内，使用的泡沫剂浓度越大，采收率越高。

方案 9 的泡沫剂驱+水驱采收率比方案 10 的高出 0.28 个百分点；方案 10 的泡沫剂驱+水驱采收率比方案 11 的高出 0.91 个百分点。泡沫剂浓度由 1.0%增至 2.0%时，所增加的对油的活性作用要低于由 0.5%增至 1.0%时的，详见表 4-7。

表 4-7　油藏温度区不同泡沫剂浓度下人造岩心驱油效果　　　　　（单位：%）

方案序号	泡沫剂浓度	采收率		最终采收率
		泡沫剂驱 0.24PV+水驱	驱油剂 1PV+水驱	
8	—	—	40.44	40.44
9	2.0	11.21	36.22	47.43
10	1.0	10.93	34.93	45.86
11	0.5	10.02	32.41	42.43

当进行驱油剂+水驱驱替时，涉及 4 个实验方案。其中方案 8 的采收率最高，为 40.44%。因为方案 8 未经过泡沫剂驱驱替，岩心中可动油量大。方案 9、10 和 11 的驱油剂+水驱采收率分别是 36.22%、34.93%和 32.41%。因为 3 个方案都进行过泡沫剂驱+水驱驱替，岩心中剩余油量也是方案 9 最少，方案 10 次之，方案 11 最大。

未经泡沫剂驱+水驱驱替的方案 8 的最终采收率为 40.44%。使用不同浓度泡沫剂的 3 个实验方案的最终采收率分别是 47.43%、45.86%和 42.43%。分别比实验方案 8 的高出 6.99 个百分点、5.42 个百分点和 1.99 个百分点。活性剂段塞越多、泡沫剂浓度越大，最终采收率越大。说明在油藏温度区主要进行活性剂驱，活性剂的憎水基会吸附在油滴及固体表面上，减小油与岩石的附着力，形成水包油型乳状液悬浮在岩石孔隙的水中，然后依靠流水冲刷被采出。

图 4-39 和图 4-40 中的曲线表示 4 个实验方案的采收率和采出液中含水率随注入体积变化关系。只进行驱油剂+水驱的实验方案，注入体积在 0~2PV 时，其采收率迅速增加，之后缓慢增加至 40.44%。

使用泡沫剂驱的 3 个实验方案，注入体积在 0~3PV 和 3~9PV 时，采收率均出现两次变化：先迅速增加而后逐渐增加至稳定。

从含水率曲线上可以看出，只进行驱油剂+水驱的方案含水率达到 98%。另外 3 个实验方案的曲线均出现向下的拐点。因为泡沫剂驱驱替结束后，采出液中含水率为 98%，随后又进行驱油剂驱，到采出液中含水率为 98%为止。

2. 产液能力

图 4-41 表示 4 个实验方案的产液指数随注入体积变化关系。只进行驱油剂+

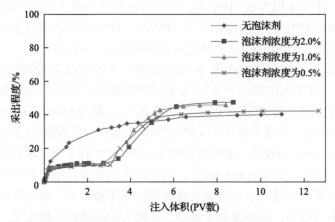

图 4-39　油藏温度区采出程度与注入体积变化关系曲线

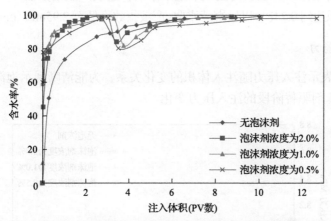

图 4-40　油藏温度区含水率与注入体积变化关系曲线

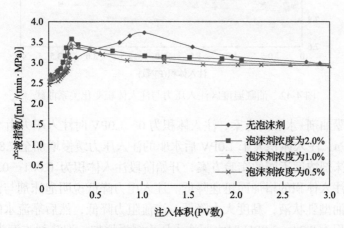

图 4-41　油藏温度区产液指数与注入体积变化关系曲线

水驱的曲线，注入体积为 0～1PV 时，产液指数表现为由 2.73mL/（min·MPa）增加至 3.53mL/（min·MPa）；注入体积大于 1PV 时，1PV 的驱油剂段塞注完后开始水驱，产液指数由 3.53mL/（h·MPa）降低至 2.93mL/（min·MPa）。

泡沫剂浓度为 2.0%、1.0% 和 0.5% 的实验方案进行泡沫剂驱时的采液指数如图 4.41 所示。当注入体积小于 0.24PV 时产液指数均出现上升的趋势。泡沫剂浓度为 2.0% 的实验方案产液指数上升趋势最大，由 2.59mL/（min·MPa）上升到 3.57mL/（min·MPa）。泡沫剂浓度为 1.0% 的实验方案产液指数由 2.61mL/（min·MPa）上升到 3.45mL/（min·MPa）。泡沫剂浓度为 0.5% 的实验方案产液指数由 2.46mL/（min·MPa）上升到 3.35mL/（min·MPa）。因为泡沫剂在岩心中与油形成水包油型乳状液，且泡沫剂浓度越大水包油型乳状液的内相体积越小，水包油型乳状液黏度越小，渗流阻力越小，液滴越易于流动，并随水的流动被驱替出来。另外，泡沫剂没有起到封堵作用，也会使注入水过早窜出，造成产液指数上升。

注入体积达到 0.24PV 以后继续水驱，产液指数降低至 2.95mL/（min·MPa）左右。

3. 注入能力

图 4-42 表示注入压力随注入体积的变化关系，为能清晰展示泡沫驱替阶段，只给出了泡沫剂驱替阶段的注入压力变化。

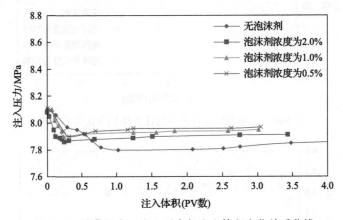

图 4-42　油藏温度区注入压力与注入体积变化关系曲线

只进行驱油剂+水驱的方案，注入体积为 0～1.0PV 时注入压力由 8.10MPa 下降到 7.80MPa；注入体积大于 1.0PV 后水驱的注入压力缓慢增加至 7.84MPa。

使用泡沫剂浓度不同的实验方案，开始阶段注入体积为 0.001～0.24PV 时注入压力随着注入体积的增加而迅速降低。注入压力降低说明泡沫剂与油滴在岩心中形成水包油型乳状液，黏度大大降低，渗流阻力降低，然后靠流水的冲刷被采出。注入体积为 0.24～3.0PV 时水驱注入压力缓慢增加。泡沫剂浓度为 2.0% 的方案，注入压力降低的幅度最大，由最初的 8.08MPa 下降到 7.86MPa 左右，之后缓慢增加至 7.91MPa；泡沫剂浓度为 0.5%的方案，注入压力由最初的 8.11MPa 下降到 7.90MPa 左右，之后缓慢增加至 7.97MPa；泡沫剂浓度为 1.0%的方案，注入压力由最初的 8.10MPa 下降到 7.90MPa 左右，之后缓慢增加至 7.95MPa。说明在一定的浓度范围内，泡沫剂浓度越大，形成的乳状液黏度越小，在多孔介质中的渗流阻力越小，所以其注入压力越小。

第5章　薄层稠油油藏径向钻孔蒸汽吞吐渗流理论与开发方法

薄层稠油油藏径向钻孔蒸汽吞吐技术是利用径向钻孔技术改善稠油蒸汽吞吐效果以提高采收率的方法[63-65]。本章描述了因径向钻孔技术的引入对薄层稠油油藏压裂起裂扩展及随后蒸汽吞吐效果的影响，揭示了薄层稠油油藏径向钻孔蒸汽吞吐渗流理论与开发方法。

5.1　技术原理

径向钻孔是利用高压射流的水力破岩作用，在油层部位开窗，通过地面高压射流发生装置等一系列井下工具，由计算机完成相关射流数据的收集和整理，实施定位置、定方向的水力喷射定向射孔。在油层的不同位置和方向钻出多个直径为20～50mm、长度最长可达到100m的孔眼，钻孔轨迹为近水平方向，如图5-1所示。穿过近井污染带、无二次压实带，从而扩大排油半径和泄流面积，使地层流体径向流动变为线性流动，随之降低油流阻力，使油井的完善程度得到相应的提高，进而达到提高油井产能的目的。

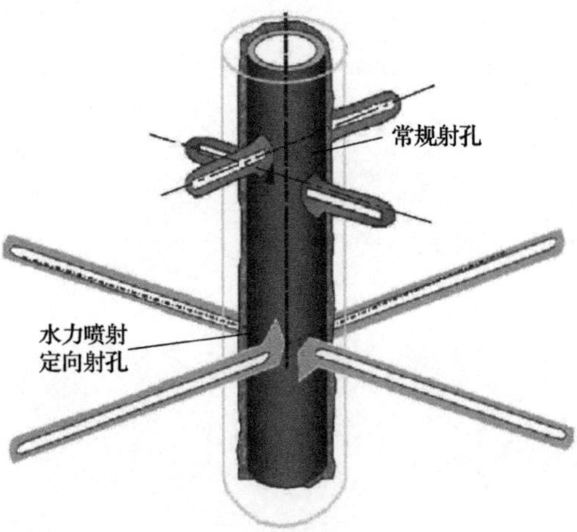

图5-1　常规射孔与水力喷射定向射孔示意图

在世界范围内，径向钻孔技术已是最先进的技术之一。应用于油藏的径向钻孔技术是从煤层气开采的水力喷射钻孔技术发展而来的。在油层中实施径向钻孔与在煤层中实施径向钻孔有相同的优点，具体表现为可以在直径为 0.11m 的直井段中实现向水平方向转向，避免大、中、小曲率半径水平井中复杂的造斜和定向的影响，确保进入目的层的准确性[66]。此外，径向钻孔利用高压旋转水射流破岩钻进，其速度可达常规旋转钻井的数倍。

径向钻孔技术的应用范围主要有如下几方面：井眼污染带、更薄的薄层或薄夹层、套管变形井；在不完整边界且增产不理想的地层，需进行完井或二次完井时，可采取径向钻孔的方法来实现；在处理注水井和污水井时，用于改善注入量和注水剖面；已采取压裂、酸化措施的油田，通过起造缝作用来降低压力，提高重复压裂和酸化措施的效果。

5.2　薄层稠油油藏径向钻孔压裂物理模拟

5.2.1　实验方法

1. 实验设计思路

常规压裂裂缝扩展受地应力 $(\sigma_v, \sigma_H, \sigma_h)$ 条件影响，当垂直主应力 σ_v 最大时，裂缝面延伸方向垂直于最小水平主应力 σ_h。预置径向孔后再进行压裂防砂，裂缝的起裂位置成为研究的重点。将岩样四周及下部用钢板围起来模拟最大最小水平主应力，通过对钢板施加水平方向压力作为最大水平主应力 σ_H，岩样上部接触空气，垂直方向则为最小水平主应力[67,68]。

2. 实验步骤

实验装置如图 5-2 所示。

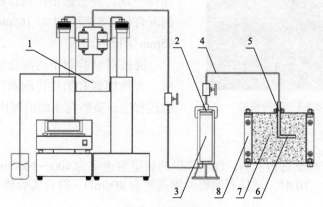

图 5-2　实验装置图

1-恒速恒压泵；2-中间容器；3-压裂液；4-压裂液管线；5-模拟井筒；
6-模拟径向孔(筛网)；7-压裂试件；8-钢制立方模具

实验步骤如下。

(1)用钢板固定压裂试件的四周、顶部和底部。

(2)在射孔处放置筛网,从而在岩样中形成洞缝,以模拟预射孔。筛网卷直径为 1.5～3.0mm,长度为 20～40mm。

(3)压裂液使用胍胶与水的混合溶液,浓度为 0.57%。配置时,胍胶需要缓慢微量加入,并不断搅拌,防止胶结。

(4)压裂液放置到中间容器,用压裂液管线将恒速恒压泵、中间容器与模拟井筒入口端相连。

(5)启动恒速恒压泵,以 15mL/min 的速度泵入压裂液,记录入口端压力值的变化,当观察到压裂试件表面有压裂液浸出时,停止注入,关闭恒速恒压泵。

(6)压裂结束后,保存实验数据,取下压裂试件,观察并记录压裂试件表面的裂缝延伸及扩展情况,切割试件分析裂缝相关特征。

5.2.2　压裂试样制备

实验主要模拟井筒、方位角、射孔相位对直井压裂起裂和扩展的影响。目标储层为紫红色泥岩与浅灰色粉砂岩,孔隙度为 29%,渗透率为 200～400mD,粒度中值平均为 0.154mm,分选系数平均为 1.82,分选性较差;黏土矿物含量为 18%,以伊/蒙间层为主(占 79%)。采用石英砂、黏土和水泥混合作为压裂试样的原料,其中石英砂采用 40～170 目,从而与现场实际粒径保持一致,黏土选用伊利石粉和蒙脱石粉的混合物。模型尺寸为 105mm×105mm×95mm(图 5-3)。

图 5-3　岩样模型

通过对试验制备的混合岩样进行渗透率、弹性模量和泊松比的测试,来确定实验过程中石英砂与水泥的配比。

1. 渗透率

对填砂管模型进行气测。现场提供的储层渗透率为 400～1000mD。石英砂与水泥配比为 1∶10 时,试样所测得的渗透率为 800mD,符合实验要求。

2. 弹性模量

将制作的试样加工成 2.5cm×5.0cm 的小岩心(图 5-4),两端面在磨平机上磨平。

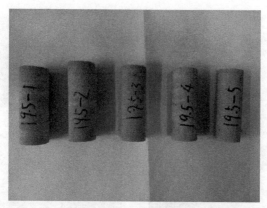

图 5-4　圆柱形岩心

将试样两端磨平后，放置在岩石三轴试验机上，并安装压力板和压机的其他部件。为了保证压力板向试样表面均匀加载，在压力板与试样之间放置垫片。试样安装完毕后，由液压稳压源施加均匀压力。观察应力-应变曲线变化以此计算岩石静态弹性力学参数。

测试结果如表 5-1 所示，计算可得岩样的弹性模量范围为 1.37～2.09GPa。

表 5-1　试件弹性模量　　　　　　　　　　（单位：GPa）

	试件编号				
	19.5-1	19.5-2	19.5-3	19.5-4	19.5-5
弹性模量	2.09	1.37	1.64	1.60	1.51

文献调研结果表明：疏松砂岩的平均杨氏模量均小于 1.3GPa，抗压强度分布范围均小于 15MPa，抗拉强度不大于 4MPa。

3. 泊松比

制作 50mm×50mm×100mm 的方柱形试样（图 5-5），在试样的四个表面贴应变片，用导线连接，完成后用胶带缠绕试样。将导线与记录仪相连，将试样放置在岩石三轴试验机上，启动仪器后，读取数据。经计算可得泊松比为 0.26。结果表明，石英砂与水泥配比为 1：10 时满足实验要求。

5.2.3　裂缝起裂影响因素

1. 不同径向钻孔方位

1）径向钻孔水平布置

径向钻孔水平布置如图 5-6 所示。实验过程中压裂液的注入速率为 15mL/min，在 7s 时压力达到峰值 6.0MPa，随即立刻下降至 0.7MPa 直到压裂结束（图 5-7）。

图 5-5　方柱形试样

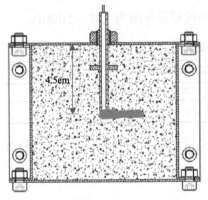

图 5-6　径向钻孔水平布置示意图

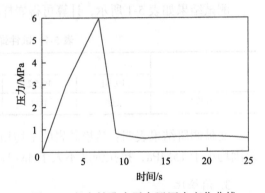

图 5-7　径向钻孔水平布置压力变化曲线

　　压裂结束后，可在岩样侧面观察到压裂液浸湿后留下的大面积水渍和明显的水平裂缝（图 5-8）。岩样侧面四周形成的水平裂缝将岩样分为上下两部分。观察下部分岩样，径向钻孔两侧的裂缝比两端的裂缝更为明显（图 5-9）。

　　2）径向钻孔垂直布置

　　径向钻孔垂直布置如图 5-10 所示。实验过程中压裂液的注入速率为 15mL/min，压裂开始压力迅速升至 5.0MPa，而后回落至 1.1MPa 直到压裂结束（图 5-11）。

　　压裂结束后，可在岩样侧面观察到压裂液浸湿后留下的水渍和较为明显的水平裂缝（图 5-12）。岩样侧面四周形成的水平裂缝将岩样分为上下两部分。观察上部分岩样，径向钻孔四周侧面上的裂缝长度大致相同(图 5-13)。

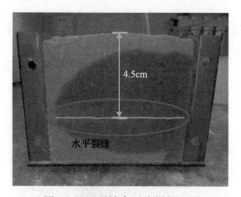

图 5-8　压裂结束后岩样侧面图

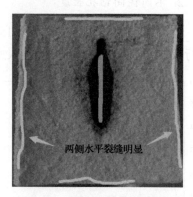

图 5-9　岩样切面图(俯视图)

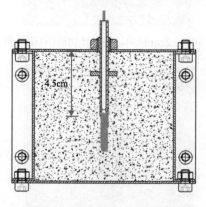

图 5-10　径向钻孔垂直布置示意图

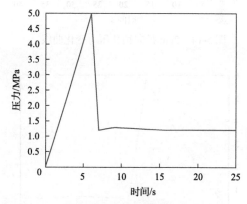

图 5-11　径向钻孔垂直布置压力变化曲线

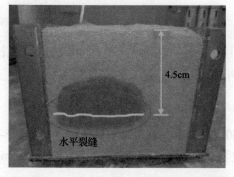

图 5-12　不同径向钻孔长度压裂结束后岩样侧面图

图 5-13　岩样切面图(仰视图)

从压裂结果来看，无论径向钻孔怎样放置，压裂产生的裂缝主要分布平面均平行于水平方向。

2. 不同径向钻孔长度

分别选取 2cm(图 5-14、图 5-15)和 3cm(图 5-16、图 5-17)作为径向钻孔长度进行实验，实验过程中压裂液注入速率为 10mL/min。

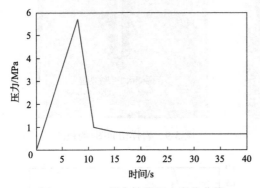

图 5-14　2cm 径向钻孔压力变化曲线

图 5-15　2cm 径向钻孔岩样切面图(俯视图)

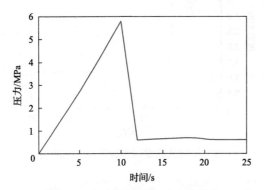

图 5-16　3cm 径向钻孔压力变化曲线

图 5-17　3cm 径向钻孔岩样切面图(仰视图)

由以上两组实验可得，在压裂液注入速率一定的情况下，随着径向钻孔长度的增加，压裂压力达到峰值所需的时间越长。

3. 不同径向钻孔角度

分别选取 45°(图 5-18、图 5-19)、60°(图 5-20、图 5-21)、90°(图 5-22、图 5-23)作为径向钻孔角度进行实验。实验过程中压裂液注入速率分别为 15mL/min、10mL/min、15mL/min。

由以上三组实验数据可知，压裂产生的微裂缝主要分布的平面均垂直于模型的侧面。说明在疏松砂岩中径向钻孔压裂产生裂缝所处的方位与径向钻孔的布置角度无关。

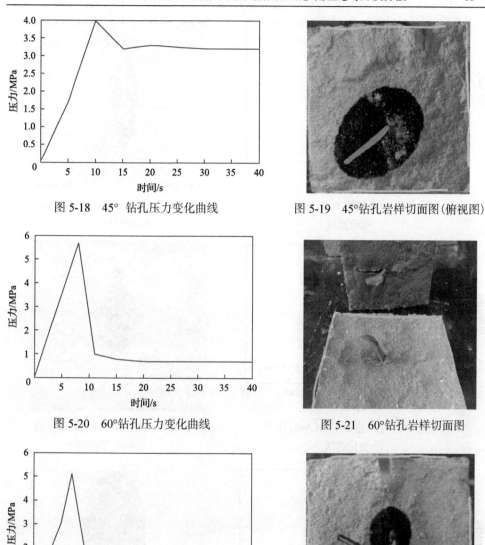

图 5-18　45°钻孔压力变化曲线　　　　图 5-19　45°钻孔岩样切面图（俯视图）

图 5-20　60°钻孔压力变化曲线　　　　图 5-21　60°钻孔岩样切面图

图 5-22　90°钻孔压力变化曲线　　　　图 5-23　90°钻孔岩样切面图（仰视图）

4. 不同注入速率

实验分为三组，注入速率分别为 10mL/min（图 5-24、图 5-25）、15mL/min（图 5-26、图 5-27）、20mL/min（图 5-28、图 5-29），径向钻孔均为水平布置。

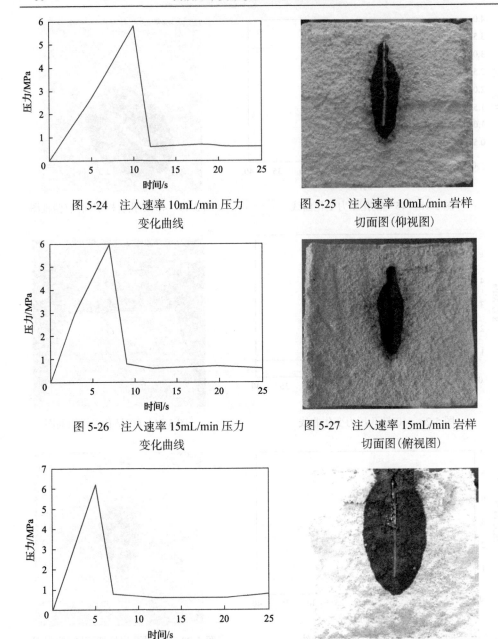

图 5-24 注入速率 10mL/min 压力
变化曲线

图 5-25 注入速率 10mL/min 岩样
切面图(仰视图)

图 5-26 注入速率 15mL/min 压力
变化曲线

图 5-27 注入速率 15mL/min 岩样
切面图(俯视图)

图 5-28 注入速率 20mL/min 压力
变化曲线

图 5-29 注入速率 20mL/min 岩样
切面图(仰视图)

　　分析进口端压力值数据可知，三组实验中岩样内部径向钻孔附近发生压裂时压力值均为 6.0MPa 左右，而且随着压裂液注入速率的提高，到达压力峰值的时间缩短。压力回落后，压力值保持在 0.6~0.7MPa。压裂后的岩样形态表明，随着压裂液注入速率的提高，渗流带所在区域面积增大。

5.3　薄层稠油油藏径向钻孔后裂缝起裂扩展数值模拟

5.3.1　径向钻孔参数对裂缝起裂扩展影响规律

在水力压裂过程中，众多关于岩石断裂的判据中基于张性破裂准则所预测的裂缝起裂比基于其他破裂准则的预测相对准确，因此判断岩石起裂准则采用最大拉应力准则，这一理论认为引起材料断裂破坏的因素是最大拉应力。无论应力状态如何，只要构件内一点处的最大拉应力达到单向应力状态下的极限应力，材料就会发生断裂，即在水力压裂过程中，当流体压力超过孔壁处岩石开裂所需应力时，孔壁处开始产生裂缝。基于此建立有限元模型，研究不同径向钻孔参数对裂缝起裂扩展的影响规律[69,70]。

1. 径向钻孔长度对裂缝起裂的影响

基础模型长 150m、宽 6m、高 6m，径向钻孔直径为 50mm，底端设置为半径 25mm 的半球状，设置径向钻孔长度分别为 50m、80m、100m，模型的 X 轴、Y 轴均为水平方向，Z 轴为竖直方向，泊松比取 0.26，弹性模量取 1500MPa，采用 SOLID65 单元，将模型剖分为六面体网格，模型如图 5-30 所示。

图 5-30　模型示意图

经调研，1100m 埋深的疏松砂岩竖直方向应力为 25MPa，最大及最小水平主应力分别为 20MPa、15MPa，采用控制变量法，假设垂直于径向钻孔的水平地应力为 15MPa，平行于径向钻孔的水平地应力为 20MPa。

由于对径向钻孔周围网格进行了加密处理，随着径向钻孔长度的增大，网格及节点数逐渐增加，径向钻孔长度分别为 50m、80m、100m 时，模型所得的网格数分别是 78000、84840、121600，所得的节点数分别是 82157、90047、129507。施加荷载后，不同径向钻孔长度的拉应力分布如图 5-31～图 5-33 所示。

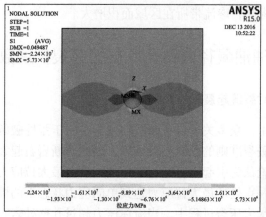

图 5-31　50m 径向钻孔拉应力分布云图(扫码见彩图)

MX-最大值；MN-最小值

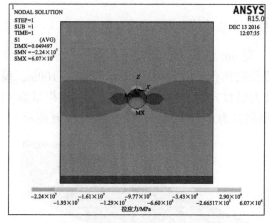

图 5-32　80m 径向钻孔拉应力分布云图(扫码见彩图)

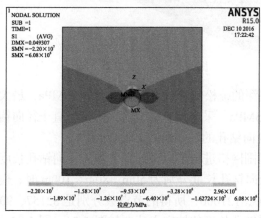

图 5-33　100m 径向钻孔拉应力分布云图(扫码见彩图)

　　从拉应力分布云图可以看出，不同长度的径向钻孔所受拉应力最大处均位于近井端附近，且随径向钻孔长度的变化最大拉应力变化幅度不大，均约为 6MPa，即改变径向钻孔长度对起裂位置影响不大，起裂位置均位于径向钻孔近井端垂直方向。

　　2. 径向钻孔数量对裂缝起裂的影响

　　为研究径向钻孔数量对裂缝起裂的影响，假设射孔的相位角为 0°，即各个径向钻孔之间呈平行状态，径向钻孔的长度设为 100m，在竖直方向设置两个径向钻孔，径向钻孔之间的距离为 0.5m，其他参数保持不变，模型及网格划分如图 5-34 所示。

图 5-34　模型及网格示意图

　　为了与单个径向钻孔长度为 100m 时进行对比，两个径向钻孔模型竖直方向及水平方向所受的荷载与单个径向孔所受的荷载相同。由拉应力分布云图(图 5-35)可知，两个径向钻孔模型所受的拉应力最大处位于近井端附近。

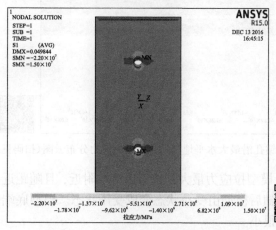

图 5-35　模型拉应力分布云图(扫码见彩图)

　　通过与单个径向钻孔拉应力的计算结果对比可知，两个径向钻孔条件下，模型所受的拉应力明显提高。选取一径向钻孔孔壁上的竖直方向节点为研究对象，结果表明随着距井筒距离的增大，模型所受的拉应力逐渐减小。相对于单个径向钻孔而言，模型径向钻孔附近所受拉应力明显增大，即两个径向钻孔更有利于裂缝的产生及扩展。因此，径向钻孔的增加对模型起裂位置的影响较小，但随着径向钻孔数量的增大，模型受拉最大处所受的拉应力逐渐增加，更有利于裂缝的产生及扩展，在经济及利益条件下，可以适当考虑增加径向钻孔的数量，以达到更好的压裂效果。

3. 径向钻孔角度对裂缝起裂的影响

径向钻孔与井筒在平面内角度的改变可以简化为地应力的变化。假设模型的径向钻孔长度为 100m，改变作用于水平方向上的地应力大小：①垂直于径向钻孔的水平地应力为 15MPa，平行于径向钻孔的水平地应力为 20MPa，即径向钻孔沿最大水平地应力方向；②垂直于径向钻孔的水平地应力为 20MPa，平行于径向钻孔的水平地应力为 15MPa，即径向钻孔平行于最大水平主应力方向。两种荷载情况下，相当于径向钻孔的角度在水平方向改变了 90°。

对于第一种情况，应力分布如图 5-36 所示，为进一步研究应力的变化情况，沿 YOZ 平面做模型的截面受拉云图，截取径向钻孔的进液端及底端为研究对象，中间部分予以忽略。

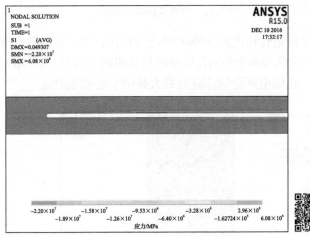

图 5-36　径向钻孔沿最大水平地应力方向截面应力分布云图(扫码见彩图)

由图 5-36 可知，模型拉应力最大处位于进液端附近，且随距近井端距离的增大拉应力逐渐减小，随后模型由受拉状态变成受压状态。模型底端基本处于受压状态，开裂的可能性很小。

对于第二种情况，模型所受的拉应力最大处位于近井端孔壁竖直方向，YOZ 截面云图如图 5-37 所示。

图 5-37 结果表明，应力变化结果显示径向钻孔角度改变对拉应力最大点的影

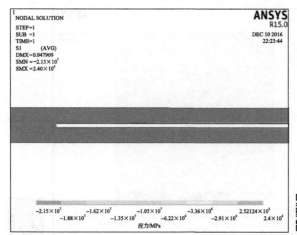

图 5-37　径向钻孔平行于最大水平地应力方向截面应力分布云图(扫码见彩图)

响基本不大。但当径向钻孔垂直于最大水平地应力时，模型孔壁拉应力最大处所受的拉应力约为 2.4MPa，当径向钻孔平行于最大水平地应力方向时，模型孔壁拉应力最大处所受的拉应力可达 6MPa，因此，当所射的径向钻孔角度与最大水平地应力方向平行时，更有利于径向钻孔水力压裂过程中裂纹的产生与扩展，即建议沿最大水平地应力方向射孔。

5.3.2　地应力参数对裂缝起裂扩展影响规律

1. 垂直于径向钻孔的水平地应力变化对裂缝起裂的影响

假设垂向应力为 25MPa，与径向钻孔平行的水平地应力为 20MPa，改变垂直于径向钻孔的水平地应力分别为 14MPa、15MPa、16MPa，其结果如图 5-38～图 5-40 所示。

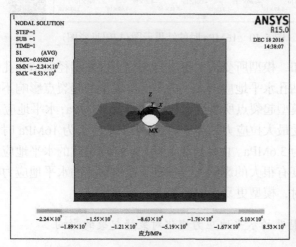

图 5-38　14MPa 时的结果云图(扫码见彩图)

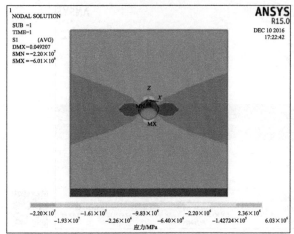

图 5-39　　15MPa 时的结果云图（扫码见彩图）

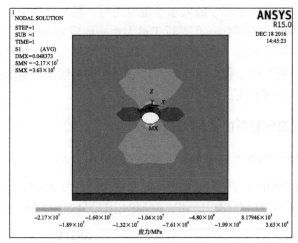

图 5-40　　16MPa 时的结果云图（扫码见彩图）

　　由结果云图可知，模型所受最大拉应力均位于近井端径向钻孔孔壁的竖直方向，即垂直于径向钻孔水平地应力大小的改变对模型的起裂点影响不大。水平地应力为 14MPa 时，模型起裂点所受最大拉应力约为 8.5MPa；水平地应力为 15MPa 时，模型起裂点所受最大拉应力约为 6MPa；水平地应力为 16MPa 时，模型起裂点所受最大拉应力为 3.6MPa。由此可见，垂直于径向钻孔的水平地应力的改变对模型的起裂难易程度有很大的影响，当垂直于径向钻孔的水平地应力与孔壁上的压裂压力差值较大时，模型更易形成裂缝。

2. 平行于径向钻孔的水平地应力变化对裂缝起裂的影响

　　模型其他条件不变，改变模型的边界条件，假设垂向应力为 25MPa，与径向钻孔垂直的水平地应力为 15MPa，改变平行于径向钻孔的水平地应力分别为 18MPa、20MPa、22MPa，其结果云图如图 5-41～图 5-43 所示。

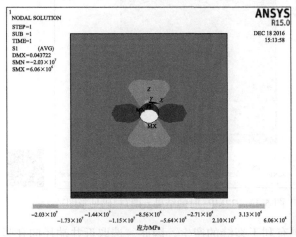

图 5-41　18MPa 时的结果云图(扫码见彩图)

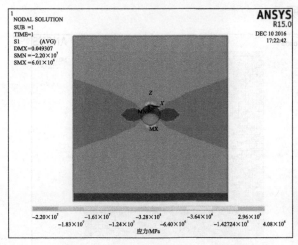

图 5-42　20MPa 时的结果云图(扫码见彩图)

　　结果表明，模型所受最大拉应力均位于近井端径向钻孔孔壁的竖直方向，即平行于径向钻孔水平地应力的改变对模型的起裂点影响不大。同时，随着平行于径向钻孔水平地应力的增大，模型所受到的最大拉应力变化较小，即平行于径向钻孔的水平地应力的改变对模型的起裂难易程度影响较小。

5.3.3　施工参数对裂缝起裂扩展影响规律

　　由径向钻孔起裂模拟结果可知，模型于近井端沿竖直方向起裂，且径向钻孔

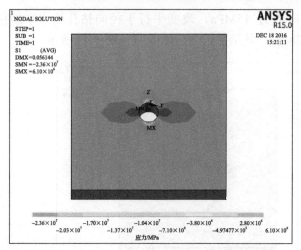

图 5-43   22MPa 时的结果云图(扫码见彩图)

沿最大主应力方向更有利于裂缝的产生，因此，选取近井端径向孔竖直方向截面
为研究对象建立模型。模型长和宽均为 10m，中间径向钻孔直径 50mm，模型及
网格划分如图 5-44 所示。

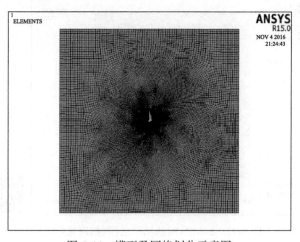

图 5-44   模型及网格划分示意图

　　模型垂向应力为 25MPa，左右两侧应力为 15MPa，底端施加约束，以固定整
个模型的位移，改变注入压力，设作用于孔壁上的注入压力分别为 25MPa、30MPa、
35MPa，计算结果如图 5-45～图 5-47 所示。
　　由受拉分布云图可知，随着注入压力的增大，模型受拉最大处未发生改变，
但模型所受最大拉应力随注入压力的增大呈线性增加，即施工时，提高注入压力
更有利于裂缝的产生及扩展。从扩展结果可以看出，注入压力的改变对裂缝扩展

方向的影响不大，即裂纹主要沿最大主应力方向扩展。

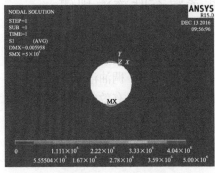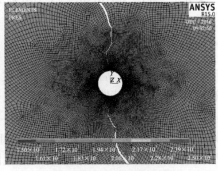

(a) 25MPa注入压力受拉云图　　　　(b) 25MPa注入压力裂缝扩展

图 5-45　注入压力为 25MPa(扫码见彩图)

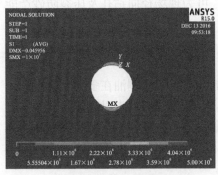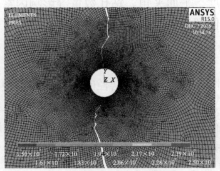

(a) 30MPa注入压力受拉云图　　　　(b) 30MPa注入压力裂缝扩展

图 5-46　注入压力为 30MPa(扫码见彩图)

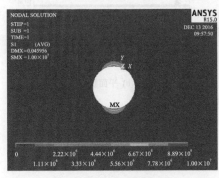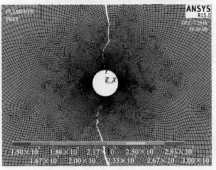

(a) 35MPa注入压力受拉云图　　　　(b) 35MPa注入压力裂缝扩展

图 5-47　注入压力为 35MPa(扫码见彩图)

5.4　薄层稠油油藏径向钻孔蒸汽吞吐渗流规律

5.4.1　渗流数学模型

由于稠油黏度较大、启动压力梯度较大,通常情况下,稠油油藏较难开采,且产能解析计算方法较其他开采方式更为复杂。因此,缺乏有效的稠油油藏产能预测方法。

首先使用马克斯-朗根海姆(Max-Langenheim)能量平衡方程进行求解,构建适用于薄层稠油油藏径向钻孔蒸汽吞吐加热范围的模型,并分析不同注采参数对径向钻孔加热范围的影响。其次在此基础上,采用等值渗流阻力法对径向钻孔进行处理,建立了研究薄层稠油油藏径向钻孔产能的理论模型。该模型考虑了径向钻孔的长度、平面夹角、钻孔数量等影响因素,可为现场径向钻孔及压裂防砂产能预测提供理论依据。

1. 物理模型

如图 5-48 所示,根据径向钻孔在油层中的存在方式及稠油在多孔介质中的渗流规律,将径向钻孔动用区域划分为两个区,流动方式假设为以径向钻孔为中心的平面径向流,流动区域长度为径向钻孔长度 L,由近径向钻孔地带热油区和远径向钻孔地带冷油区组成。

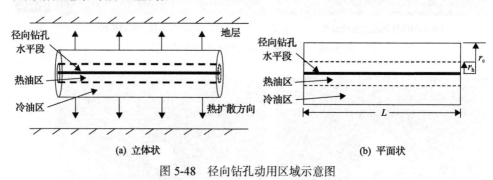

(a) 立体状　　　　　　　　　　　　(b) 平面状

图 5-48　径向钻孔动用区域示意图

r_h-热油区动用半径;r_c-冷油区动用半径

2. 稠油渗流数学模型

稠油存在于多孔介质及天然裂缝孔隙中,是一种复杂的多组分有机混合物,主要组分有烷烃、芳烃、胶质、沥青质,其物理化学特性变化较大。稠油中一般只含有少量易蒸馏且易挥发的碳氢化合物,而相对分子质量较大的沥青质及烃类含量较高,且含有硫、氧、氮等杂原子化合物以及稀有金属等,因此稠油黏度较普通原油高,密度也较普通原油大,自然条件下在多孔介质中很难发生流动。且在同一稠油油藏中,原油性质在垂向油层的不同井段以及平面上各井之间常常有很大的差别。

1) 理论模型

以单相可压缩液体的渗流为例,依据渗流数学模型的建立步骤和方法,建立了宾厄姆流体型油藏渗流数学模型。该模型的基本组成部分是质量守恒方程(连续性方程)、状态方程和动量守恒方程(运动方程)。

连续性方程为

$$\frac{\partial}{\partial t}(\rho\phi) + \mathrm{div}(\rho v) = 0 \tag{5-1}$$

状态方程为

$$\rho = \rho_0 \mathrm{e}^{C_\rho(p-p_0)} = \rho_0 \left[1 + C_\rho(p-p_0)\right] \tag{5-2}$$

$$\phi = \phi_0 + C_\phi(p-p_0) \tag{5-3}$$

$$C = \phi_0 C_\rho + C_\phi \tag{5-4}$$

动量守恒方程为

$$v = \frac{K}{\mu}(\nabla p - G) \tag{5-5}$$

其中,动量守恒方程依据宾厄姆流体稳态渗流平面平行流方程,将式(5-2)~式(5-5)代入式(5-1)后,对时间项进行推导得

$$\frac{\partial(\rho\phi)}{\partial t} = \rho_0 C \frac{\partial p}{\partial t} \tag{5-6}$$

对空间项进行推导:

$$\frac{\partial}{\partial x}(\rho v_x) = \frac{\partial}{\partial x}\left[-\rho_0 \mathrm{e}^{C_\rho(p-p_0)} \frac{K}{\mu}\left(\frac{\partial p}{\partial x} - G\right)\right] = -\frac{K}{\mu}\rho_0 \frac{\partial^2 p}{\partial x^2} + \frac{K}{\mu}G\rho_0 C_\rho \frac{\partial p}{\partial x} \tag{5-7}$$

通过式(5-7)可得到总的控制方程为

$$-\left(\frac{\partial^2 p}{\partial x^2} + \frac{\partial^2 p}{\partial y^2} + \frac{\partial^2 p}{\partial z^2}\right) + C_\rho G\left(\frac{\partial p}{\partial x} + \frac{\partial p}{\partial y} + \frac{\partial p}{\partial z}\right) = \frac{\mu C}{K}\frac{\partial p}{\partial t} \tag{5-8}$$

式(5-1)~式(5-8)中,v 为速度矢量;v 为速度;∇p 为压力梯度;v_x 为速度在 x 方向的分量;K 为储层绝对渗透率,$10^{-3}\mu m^2$;ρ 为任意一点压力为 p 时的流体密

度，kg/m³；μ 为流体的黏度，mPa·s；ϕ 为压力为 p 时的孔隙度，量纲为 1；G 为启动压力梯度，MPa/m；ρ_0 为大气压力条件下流体的密度，kg/m³；ϕ_0 为大气压力条件下岩石的孔隙度，量纲为 1；p_0 为大气压力，MPa；C_ϕ 为岩石压缩系数，MPa⁻¹；C_p 为液体的压缩系数，MPa⁻¹；C 为总的压缩系数，MPa⁻¹。

式(5-8)为考虑启动压力梯度情况的可压缩液体的不稳定渗流控制方程。

2) 理论模型求解

在实际生产过程中，基本上每口井的井底附近都呈平面径向流。此处采用单相不可压缩液体稳定渗流数学模型，将其转化为柱坐标系下的常微分方程：

$$\frac{\mathrm{d}^2 p}{\mathrm{d}r^2} + \frac{1}{r}\frac{\mathrm{d}p}{\mathrm{d}r} + G\frac{\mathrm{d}p}{\mathrm{d}r} = 0 \tag{5-9}$$

式中，r 为半径。

在定压力边界条件下，对宾厄姆流体型油藏数学模型进行求解，令 $\dfrac{\mathrm{d}p}{\mathrm{d}r} = u$，则原方程可以化简为 $\dfrac{\mathrm{d}u}{\mathrm{d}r} = -\left(\dfrac{1}{r} + G\right)u$，对方程两边积分：

$$\ln u = -(Gr + \ln r) + C_1 \rightarrow \ln(ur\mathrm{e}^{Gr}) = C_1 \rightarrow ur\mathrm{e}^{Gr} = C_1 \tag{5-10}$$

式中，C_1 为系数。

则有

$$\frac{\mathrm{d}p}{\mathrm{d}r}r\mathrm{e}^{Gr} = C_1$$

结合内外边界定压条件，幂积分函数表达式为

$$\mathrm{Ei}(-x) = \int_{-\infty}^{-x}\frac{\mathrm{e}^{-u}}{u}\mathrm{d}u = -\int_x^\infty\frac{\mathrm{e}^{-u}}{u}\mathrm{d}u$$

得出解为

$$p(r) = c_1\left(\sum_{i=1}^\infty\frac{(-Gr)^i}{i\cdot i!} + \ln|r|\right) + c_2 = -c_1\mathrm{Ei}(Gr) + c_2 \tag{5-11}$$

式中，

$$c_1 = \frac{p_\mathrm{e} - p_\mathrm{w}}{\mathrm{Ei}(Gr_\mathrm{w}) - \mathrm{Ei}(Gr_\mathrm{e})}$$

$$c_2 = p_\mathrm{w} + c_1\mathrm{Ei}(Gr_\mathrm{w})$$

其中，p_e 为边界压力；p_w 为井底压力；r_e 为油藏有效半径；r_w 为井筒半径。

图 5-49 为平面径向流压力分布曲线示意图，其中，内外边界压力条件为

$$r = r_w , \quad p = p_w \tag{5-12}$$

$$r = r_e , \quad p = p_e \tag{5-13}$$

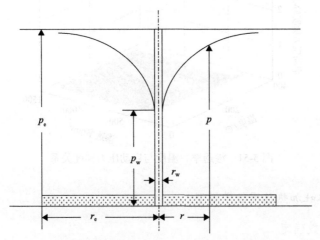

图 5-49　平面径向流压力分布曲线示意图

3）启动压力梯度求解

如图 5-50 所示，依据启动压力梯度与流度实测数据，建立了稠油非达西渗流启动压力梯度计算公式，启动压力梯度与渗透率及黏度关系式为

$$G = 10^{-0.835-1.1915 \cdot \lg(K/\mu_0)} \tag{5-14}$$

式中，G 为启动压力梯度，MPa/m；K 为储层绝对渗透率，$10^{-3} \mu m^2$；μ_0 为脱气原油黏度，mPa·s。

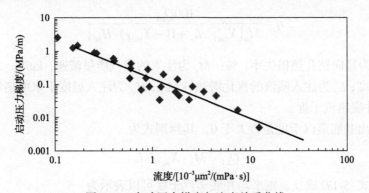

图 5-50　启动压力梯度与流度关系曲线

　　利用式(5-14)，可以求得启动压力梯度在不同的稠油渗透率及温度范围内的分布。如图 5-51 所示，启动压力梯度随渗透率的增大和温度的升高逐渐减小。

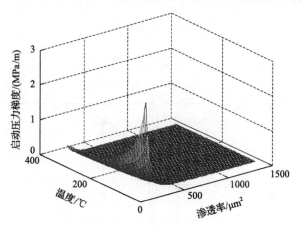

图 5-51　渗透率、温度与启动压力梯度关系

3. 蒸汽吞吐加热范围数学模型

1) 蒸汽参数确定

(1) 蒸汽热损失量。

$$Q_{h1} = 2\pi r_0 \lambda_e \left[(T_s - T_r)H - \frac{g_f H^2}{2} \right] \tag{5-15}$$

式中，Q_{h1} 为蒸汽注入井筒过程中总的热损失量，kJ；r_0 为井筒直径，m；λ_e 为油层导热系数，W/(m·K)；T_s 为蒸汽温度，℃；T_r 为原始地层温度，℃；H 为井深，m；g_f 为地温梯度，℃/m。

(2) 蒸汽热损失率。

$$\eta = \frac{100 Q_{h1}}{M_s [X_{surf} \cdot L_v + (1 - X_{surf}) \cdot H_w]} \tag{5-16}$$

式中，η 为径向钻孔热损失率，%；M_s 为注入的蒸汽质量流速，kg/h；X_{surf} 为注入蒸汽干度；L_v 为注入蒸汽的汽化潜热，kJ/kg；H_w 为注入温度下水的热焓，kJ/kg。

(3) 井底蒸汽干度。

先求出井底蒸汽干度是否大于 0，其判别式为

$$Q_{h1} < M_s \cdot X_{surf} \cdot L_v \tag{5-17}$$

如果式(5-17)成立，则平均井底蒸汽干度可以表示为

$$X_b = X_{surf} - \frac{100Q_{hl}}{M_s \cdot L_v} \tag{5-18}$$

式中，X_b 为平均井底蒸汽干度，%；X_{surf} 为注入蒸汽干度，%。

2) 径向钻孔加热范围

径向钻孔中不考虑油水的存在，只是作为热量的传输空间，并且径向钻孔中的体积比热容近似为该地层温度和压力下的空气比热容；基质及其中流体这部分的孔隙度为 ϕ，其中含水饱和度为 S_w，含油饱和度为 S_o，其体积比热容是油、水和基质三部分比热容的等效比热容。

根据瞬时热平衡原理 $Q_i = Q_L + Q_o$，即注入的热量不仅加热了油层基质，还有一部分在顶底盖层损失。油层向围岩的热损失有

$$T(y,t) = T_s - (T_s - T_r)\mathrm{erf}[y/(2\sqrt{Dt})] \tag{5-19}$$

式中，T 为温度；y 为纵坐标；误差函数为

$$\begin{aligned} \mathrm{erf}(x) &= \frac{2}{\sqrt{\pi}}\int_0^x e^{-t^2}\mathrm{d}t \\ \mathrm{erf}(0) &= 0 \\ \mathrm{erf}(\infty) &= 1 \end{aligned} \tag{5-20}$$

因此，在任意时间 t 内，垂直方向的热损失速度为

$$q_L = -\lambda_{ob}\left[\frac{\partial T}{\partial y}\right]_{y=0} \tag{5-21}$$

$$\frac{\partial T}{\partial y} = -\frac{T_s - T_r}{\sqrt{\pi Dt}} e^{-\left(\frac{y^2}{4Dt}\right)} \tag{5-22}$$

$$\left.\frac{\partial T}{\partial y}\right|_{y=0} = -\frac{T_s - T_r}{\sqrt{\pi Dt}} \tag{5-23}$$

$$q_L = \frac{\lambda_{ob}\Delta T}{\sqrt{\pi Dt}} \tag{5-24}$$

式中，q_L 为油层到顶层的瞬时热损失，$kJ/(m^2 \cdot d)$；ΔT 为蒸汽温度与油层温度之差，$\Delta T = T_s - T_r$，℃；D 为顶底层的散热系数，$D = \frac{K_{ob}}{M_{ob}}$，$m^2/d$；$\lambda_{ob}$ 为顶底层的导热系数，$W/(m \cdot K)$；M_{ob} 为顶底层的热容，$kJ/(m^3 \cdot K)$。

假设油层厚度为 h，顶底层为无限厚度，其散热系数为 D，注热速率为 Q_i。则油层的热容 M 为

$$M = \phi(\rho_o S_o C_{op} + \rho_w S_w C_{wp}) + (1-\phi)(\rho C_P)_R \tag{5-25}$$

向顶底层总的热损失速率 Q_L 为

$$Q_L = 2\int_0^{A(t)} q_L \, dA \tag{5-26}$$

式中，$A(t)$ 为注汽时间为 t 时的加热面积，包括蒸汽带加热面积 A_s 和热水带加热面积 A_w。

将式(5-24)代入式(5-26)，则

$$Q_L = 2\int_0^{A(t)} \frac{\lambda_{ob}\Delta T}{\sqrt{\pi D t}} \, dA \tag{5-27}$$

在时间 $\tau(\tau < t)$，相应的单元面积 dA 的热损失为

$$\frac{\lambda_{ob}\Delta T}{\sqrt{\pi D(t-\tau)}}$$

而

$$dA = \frac{dA}{d\tau} d\tau$$

所以，顶底层总的热损失速率为

$$Q_L = 2\int_0^\tau \frac{\lambda_{ob}\Delta T}{\sqrt{\pi D(t-\tau)}} \frac{dA}{d\tau} d\tau \tag{5-28}$$

时间为 t 时用于加热油层的热量为

$$Q_o = \frac{dA}{dt} h \cdot M \cdot \Delta T \tag{5-29}$$

根据瞬时热平衡原理：

$$Q_i = Q_L + Q_o \tag{5-30}$$

则有

$$Q_i = 2\int_0^t \frac{\lambda_{ob}\Delta T}{\sqrt{\pi D(t-\tau)}} \frac{dA}{d\tau} d\tau + Mh\Delta T \frac{dA}{dt} \tag{5-31}$$

初始条件：

$$t=0, \quad A(0)=0 \tag{5-32}$$

经过拉普拉斯变换，最后变为

$$A(t)=\frac{Q_{i}hl}{4K_{ob}DT}\left[e^{\frac{t_{D}}{l^{2}}}\text{erfc}\left(\frac{\sqrt{t_{D}}}{\lambda'}\right)+\frac{2}{\sqrt{p}}\frac{\sqrt{t_{D}}}{\lambda'}-1\right] \tag{5-33}$$

式中，$\text{erfc}(x)$ 为互补误差函数，$\text{erfc}(x)=1-\text{erf}(x)$。

对于蒸汽带，注热速度：

$$Q_{i}=1000q_{s}X_{s}L_{v} \tag{5-34}$$

将式(5-34)代入式(5-33)则得到蒸汽带的加热面积：

$$A_{s}(t)=\frac{10^{3}q_{s}X_{s}L_{v}h\lambda}{4\lambda_{ob}\Delta T}\left[e^{\frac{t_{D}}{\lambda'^{2}}}\text{erfc}\left(\frac{\sqrt{t_{D}}}{\lambda'}\right)+\frac{2}{\sqrt{\pi}}\frac{\sqrt{t_{D}}}{\lambda'}-1\right] \tag{5-35}$$

同样，对于热水带：

$$Q_{i}=1000q_{s}(H_{s}-H_{wr}) \tag{5-36}$$

其加热面积为

$$A_{w}(t)=\frac{10^{3}q_{s}(H_{s}-H_{wr})h\lambda}{4\lambda_{ob}\Delta T}\left[e^{\frac{t_{D}}{\lambda'^{2}}}\text{erfc}\left(\frac{\sqrt{t_{D}}}{\lambda'}\right)+\frac{2}{\sqrt{\pi}}\frac{\sqrt{t_{D}}}{\lambda'}-1\right] \tag{5-37}$$

分别求得蒸汽带和热水带的加热面积后相加得到总加热面积：

$$A(t)=A_{s}(t)+A_{w}(t) \tag{5-38}$$

式(5-25)~式(5-38)中，t_{D} 为无因次时间，$t_{D}=\frac{4Dt}{h^{2}}$；t 为注气时间，d；M 为油层的热容，$kJ/(m^{3}\cdot\text{℃})$；ϕ 为油层孔隙度，量纲为 1；$(\rho C_{P})_{R}$ 为地层岩石的热容，$kJ/(m^{3}\cdot\text{℃})$；λ' 为油层热容与顶底层热容之比，$\lambda=\frac{M}{M_{ob}}$；q_{s} 为注汽速度，m^{3}/d；X_{s} 为井底蒸汽干度，量纲为 1；L_{v} 为注入蒸汽的汽化潜热，kJ/kg；H_{s} 为温度 T_{s} 下蒸汽的热焓，kJ/kg；H_{wr} 为在原始油层温度 T_{r} 下热水的焓，kJ/kg；C_{op}、C_{wp} 分别为原油、水的定压比热容，$kJ/(kg\cdot\text{℃})$；ρ_{o}、ρ_{w} 分别为原油、水的密度，kg/m^{3}。

4. 径向钻孔段产能计算及影响因素分析

1) 确定动用半径及加热半径

(1) 动用半径。

通过上述稠油渗流模型，在已知现场地层压力、井底压力和启动压力梯度的情况下，可以求得油层温度和压力下薄层稠油油藏中稠油的动用半径，即冷油区半径 r_d。

(2) 加热半径。

通过计算径向钻孔加热范围，可以求得径向钻孔存在情况下单井蒸汽吞吐蒸汽带加热面积和热水带加热面积，利用加热面积，可以分别求得径向钻孔蒸汽带加热半径 r_s 和热水带加热半径 r_{wa}，相加即得到热油区动用半径 r_h。

其中:

$$r_s = A_s/2L \tag{5-39}$$

$$r_{wa} = A_w/2L \tag{5-40}$$

$$r_h = r_s + r_w \tag{5-41}$$

式中，A_s 为蒸汽带加热面积，m^2；A_w 为热水带加热面积，m^2。

通过动用半径及加热半径的求解可知，径向钻孔的动用范围大于油层厚度，因此对物理模型进行修正，将油层加热区域及动用范围重新进行划分。图 5-52 为重新分区后的油藏动用范围剖面示意图。

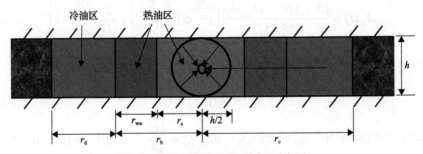

图 5-52 径向孔动用范围剖面示意图
r_d-冷油区面积

2) 冷油区产能

冷油区动用半径 r_c 可以用上述的稠油渗流数学模型求得。可以将冷油区简化为流动方向平行于储层、垂直于径向钻孔从 r_c 流到 r_h 的平面流区域，长度为径向钻孔长度 L。冷油区的渗流阻力为

$$R_c = \frac{\mu'}{2\bar{K}Lh}\ln\frac{r_c}{r_h} \tag{5-42}$$

式中，μ' 为含气原油黏度，mPa·s；$\bar{K}$ 为稠油储层的平均渗透率，μm^2。

冷油区的产能公式为

$$Q_c = \frac{p_e - p_h - G(r_c - r_h)}{R_c} \tag{5-43}$$

即

$$Q_c = \frac{p_e - p_h - G(r_c - r_h)}{\dfrac{\mu'}{2\bar{K}Lh}\ln\dfrac{r_c}{r_h}} \tag{5-44}$$

式中，p_e 为边界压力，MPa；p_h 为冷油区与热油区交界面处压力，MPa；G 为启动压力梯度，MPa/m。

3）热油区黏温关系式

稠油的黏度对温度非常敏感，随温度升高而大幅度降低，常温下温度升高 10℃，黏度下降一半以上，且黏度越高，下降幅度越大。

如图 5-53 所示，现场给出了实测地面脱气原油黏温曲线，本研究根据现场生产实测黏度数据，拟合黏温曲线，利用黏温拟合公式求得各温度值下的黏度值：

$$\mu = B_e + (A_e - B_e)/(1 + (T/C_e)^{D_e}) \tag{5-45}$$

式中，T 为温度，℃；A_e、B_e、C_e、D_e 为黏温曲线拟合参数，其中 $A_e = 41475.39$、$B_e = 9.09$、$C_e = 31.41$、$D_e = 4.83$。

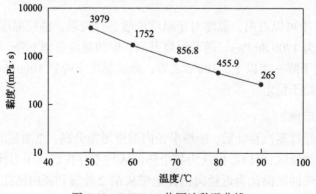

图 5-53　B509-12 井原油黏温曲线

图 5-54 为地面脱气原油黏温曲线。然而油层条件下，稠油中会溶解大量的天然气，因此在油层条件下，含气原油黏度会比地面脱气原油黏度低，且溶解气油比越高，原油黏度降低越多。

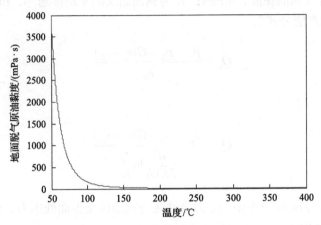

图 5-54　地面脱气原油黏温曲线

根据以下经验公式，可以求得油层条件下极近似的原油黏度：

$$\mu' = A_e \mu_0^{B} \tag{5-46}$$

$$A_e = 10.715 \times (5.615R + 100)^{-0.515} \tag{5-47}$$

$$B_e = 5.44 \times (5.615R + 150)^{-0.338} \tag{5-48}$$

式中，μ_0 为脱气原油黏度，mPa·s；R 为溶解气油比 (m^3/m^3)。

现场测得地层原油中溶解气油比为 5～10，选取平均值 7.5，代入式 (5-46) 可以求得地层温度及压力下的含气原油黏度，图 5-55 为地下含气原油黏温曲线图。

从图 5-55 中可以看出，黏度对于温度的敏感性较强，油层温度下即 50℃时，原油初始黏度为 1709.8mPa·s，随着温度升高，原油黏度急剧下降，平均温度每升高 10℃，黏度下降一半以上；100℃之后，原油黏度下降到 100mPa·s 以下，且降幅缓慢并逐渐趋于稳定。

4) 热油区产能

稠油油藏经过蒸汽吞吐后，加热半径内温度迅速升高，原油黏度大幅度降低，很快进入达西渗流区，可以近似认为整个热油区均不存在启动压力梯度。如图 5-56 所示，可以将热油区简化为近径向钻孔地带从 $h/2$ 处流到径向钻孔的蒸汽径向流区、远孔地带从 r_s 处流到 $h/2$ 处的蒸汽平面流区和从 r_w 处流到 r_s 处的热水平面

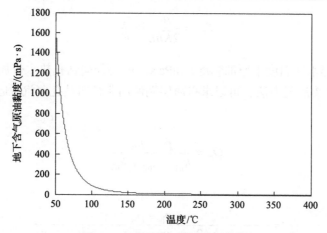

图 5-55　地下含气原油黏温曲线

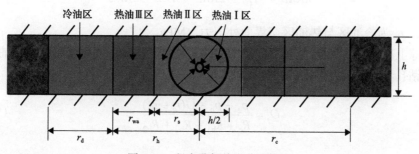

图 5-56　径向孔加热区分区模型

流区三个区域，长度均为径向钻孔长度 L。

此处产能计算采用等温模型，假定注入蒸汽焖井后，热油区每一个区域原油具有相同的温度、黏度和流动速度，由拟稳态的渗流产能公式得到如下公式。

热油 I 区的渗流阻力为

$$R_{h1} = \frac{\mu_1}{\pi \bar{K} h L} \ln \frac{h/2}{r_j} \tag{5-49}$$

式中，μ_1 为蒸汽温度下原油黏度，mPa·s；r_j 为径向钻孔半径，m。

热油 II 区的渗流阻力为

$$R_{h2} = \frac{\mu_1}{2 \bar{K} h L} \ln \frac{r_s}{h/2} \tag{5-50}$$

式中，r_s 为径向钻孔蒸汽带加热半径，m。

同理可以得到热油 III 区的渗流阻力为

$$R_{h3} = \frac{\mu_2}{2\bar{K}hL}\ln\frac{r_w}{r_s} \tag{5-51}$$

式中，μ_2 为热水区温度下原油黏度，mPa·s；r_w 为径向钻孔热水带加热半径，m。

根据等值渗流阻力法，可以求得薄层稠油油藏径向钻孔蒸汽吞吐的热油区产能模型为

$$Q_h = \frac{p_h - p_w}{R_{h1} + R_{h2} + R_{h3}} \tag{5-52}$$

即

$$Q_h = \frac{p_h - p_w}{\dfrac{\mu_1}{\pi\bar{K}hL}\ln\dfrac{h/2}{r_j} + \dfrac{\mu_1}{2\bar{K}hL}\ln\dfrac{r_s}{h/2} + \dfrac{\mu_2}{2\bar{K}hL}\ln\dfrac{r_w}{r_s}} \tag{5-53}$$

式中，p_h 为冷油区与热油区交界面处压力，MPa。

综上所述，将冷油区与热油区的渗流阻力进行叠加，可以得到薄层稠油油藏径向钻孔蒸汽吞吐开发等温模型的总产能：

$$Q_j = \frac{p_e - p_h - G(r_c - r_h)}{R_c + R_{h1} + R_{h2} + R_{h2}} \tag{5-54}$$

即

$$Q_j = \frac{p_e - p_h - G(r_c - r_h)}{\dfrac{\mu'}{2\bar{K}Lh}\ln\dfrac{r_c}{r_h} + \dfrac{\mu_1}{\pi\bar{K}hL}\ln\dfrac{h/2}{r_j} + \dfrac{\mu_1}{2\bar{K}hL}\ln\dfrac{r_s}{h/2} + \dfrac{\mu_2}{2\bar{K}hL}\ln\dfrac{r_w}{r_s}} \tag{5-55}$$

5.4.2 径向钻孔段产能影响因素

1. 径向钻孔长度

在其余参数不变的情况下，单独改变径向钻孔长度，计算径向钻孔蒸汽吞吐的产能，计算结果如图 5-57 所示。

从图 5-57 可以看出，径向钻孔长度对单井蒸汽吞吐日产油量的影响最显著，当径向钻孔长度在 0～50m 的范围内变化时，日产油量随着径向钻孔长度的增加急剧增长；当径向钻孔长度为 50～100m 时，日产油量增加幅度逐渐减小；当径向钻孔长度超过 100m 时，随着径向钻孔长度的增加，日产油量增加不明显，并逐渐趋于稳产，日产油量稳定在 2.0m³ 左右。考虑到经济因素的影响，最优径向钻孔长度范围为 70～120m。

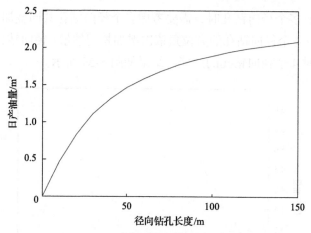

图 5-57　径向钻孔长度与日产油量的关系

2. 径向钻孔角度

单独改变两个径向钻孔之间的夹角，设置径向钻孔长度为 80m，其余注采参数不变的情况下，计算不同夹角的两个径向钻孔蒸汽吞吐的产能。在处理两个径向钻孔之间干扰区域的问题上，采取动用范围相互叠加的方法，对日产油量进行修正，而不是单纯的产能叠加，计算结果如图 5-58 所示。

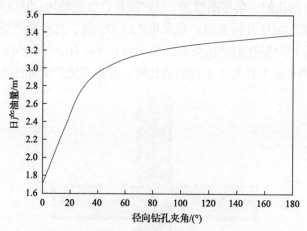

图 5-58　两个径向钻孔夹角与日产油量的关系

如图 5-58 所示，当两个径向钻孔之间夹角小于 60°时，径向钻孔蒸汽吞吐日产油量随径向钻孔夹角的增大逐渐增加且增幅较大；当两个径向钻孔之间夹角大于 90°时，日产油量逐渐趋于平缓，增幅较小；当两个径向钻孔之间夹角为 180°时，干扰区域最小，日产油量达到最大值。因此，两个径向钻孔之间的最优夹角应为径向钻孔能够达到的最大夹角。

　　当平面上有多个径向钻孔时，需要考虑多个径向钻孔共同叠加。以 4 个径向钻孔为例，假设 4 个径向钻孔的方位角依次增加相同的量，径向钻孔长度为 80m，计算不同夹角时 4 个径向钻孔的产能，结果如图 5-59 所示。

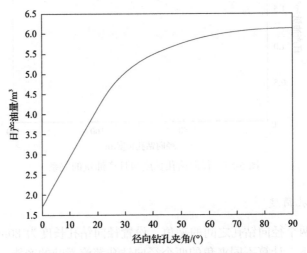

图 5-59　4 个径向钻孔夹角与日产油量的关系

　　由图 5-59 可见，当径向钻孔之间的夹角为 0°时，总产能和单个径向钻孔的产能一致；当径向钻孔的夹角逐渐增加，总产能开始快速增加，但当夹角超过约 45°之后，总产能增加幅度开始变缓；当夹角达到 90°时，总产能达到最大值，且不再增加。与两个径向钻孔的结论类似，当平面上分布有 N 个径向钻孔时，最优夹角为 360°/N。当平面上具有 4 个径向钻孔时，取得最优产能如图 5-60 所示。

图 5-60　4 个径向钻孔取得最优产能示意图
深色区域为径向孔；浅色区域为加热范围

3. 径向钻孔数量

改变平面上的径向钻孔数量，其余生产参数不变；根据前面计算结果，设置径向钻孔长度为 80m，地层厚度为 2m，不考虑地层倾角，计算不同径向钻孔数量条件下，径向钻孔蒸汽吞吐的产能。其中，多个径向钻孔在平面上均匀分布，即径向钻孔之间的夹角为

$$\theta = \frac{2\pi}{n} \tag{5-56}$$

式中，θ 为径向钻孔之间的夹角，(°)；n 为径向钻孔数量，条。

通过式(5-56)可以得知，随着径向钻孔数量的增加，径向钻孔之间的夹角逐渐减小。

如图 5-61 所示，在平面上增加径向钻孔数量，对单井蒸汽吞吐产能的影响较为显著。当同一平面径向钻孔数量小于 4 个时，日产油量随径向钻孔数量急剧增加；当径向钻孔数量大于 6 个时，日产油量逐渐趋于平稳，增幅较小。考虑到经济因素，在同一平面上设置均匀分布的多个径向钻孔，最优径向钻孔数量为 4~6 条。

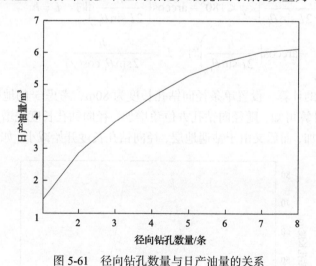

图 5-61　径向钻孔数量与日产油量的关系

4. 考虑地层倾角时的径向钻孔角度影响

地层并非水平，而是带有一定的倾角，因此会对径向钻孔射孔施工造成影响。由于地层较薄，当考虑地层倾角时，径向钻孔易于钻遇其他地层，钻孔长度将受到一定限制，进而影响加热面积。从平面上看，径向钻孔长度受地层倾角限制示意图如图 5-62 所示。

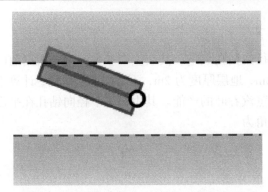

图 5-62　径向钻孔长度受地层倾角限制示意图

　　假设油层厚度为 h，径向钻孔长度为 L，地层倾角为 θ_r，径向钻孔方位角为 γ，则径向钻孔实际长度随径向钻孔方位角的变化如下：

当 $\gamma < \arccos\left(\dfrac{h}{2L\sin\theta_r}\right)$ 时，$L = \dfrac{h}{2\sin\theta_r\cos\gamma}$。

当 $\arccos\left(\dfrac{h}{2L\sin\theta_r}\right) \leqslant \gamma \leqslant 180° - \arccos\left(\dfrac{h}{2L\sin\theta_r}\right)$ 时，$L = h$。

当 $\gamma > 180° - \arccos\left(\dfrac{h}{2L\sin\theta_r}\right)$ 时，$L = -\dfrac{h}{2\sin\theta_r\cos(\gamma)}$。

　　根据之前的计算，设置单条径向钻孔长度为 80m，考虑 5° 的地层倾角，地层厚度为 2m。计算可知，随径向钻孔方位角增加，径向钻孔长度先增加，达到设计长度时不再增加，而后又由于钻遇地层，径向钻孔长度开始减小，如图 5-63 所示。

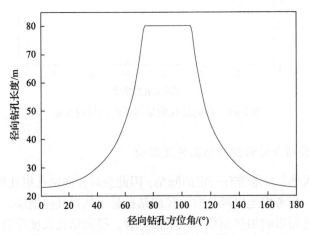

图 5-63　径向钻孔实际长度随径向钻孔方位角变化

需先计算出径向钻孔长度 L ，再根据径向钻孔产能公式，计算出径向钻孔蒸汽吞吐开发等温模型的总产能 Q_j ：

$$Q_j = \frac{p_e - p_h - G(r_c - r_h)}{\dfrac{\mu'}{2\overline{K}Lh}\ln\dfrac{r_c}{r_h} + \dfrac{\mu_1}{\pi\overline{K}hL}\ln\dfrac{h/2}{r_j} + \dfrac{\mu_1}{2\overline{K}hL}\ln\dfrac{r_s}{h/2} + \dfrac{\mu_2}{2\overline{K}hL}\ln\dfrac{r_w}{r_s}}$$

考虑地层倾角的因素，再计算 4 个径向钻孔的总产能。假设 4 个径向钻孔在平面上为对称形态，一侧的两个径向钻孔的夹角为 α ，并假设地层厚度为 2m、径向钻孔设计长度为 80m、地层倾角为 5°，计算总产能随夹角 α 的变化结果，可知当同一侧的两个径向钻孔夹角 α 逐渐增大时，日产油量先增加，达到某一峰值后开始降低，如图 5-64 所示。

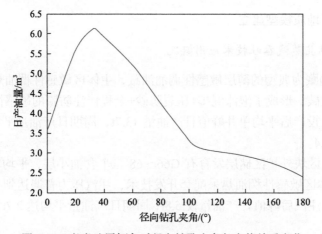

图 5-64　考虑地层倾角时径向钻孔夹角与产能关系变化

计算结果显示，当 α 为 33.21°时，总产能达到最大值。这一夹角度也是使 4 条径向钻孔的最远处都刚好钻遇地层边缘时的角度，如图 5-65 所示。

经过推导，产能达到最大值的最优角度公式如下：

$$\alpha = 2\arcsin\frac{h}{L \cdot \tan\theta_r} \tag{5-57}$$

当取得最优角度时，径向钻孔与地层的夹角为 $\arctan\dfrac{h}{L}$ 。

因此，地层厚度为 2m、地层倾角为 5°时，最优径向钻孔长度为 80m，最优径向钻孔数量为 4 个，呈对称分布，与倾角垂直方向的夹角取 33.21°。

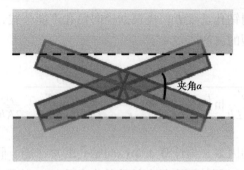

图 5-65　考虑地层倾角时取得最大产能的径向钻孔示意图

5.5　薄层稠油油藏径向钻孔蒸汽吞吐技术应用

5.5.1　开发区地质模型建立

1. 径向钻孔蒸汽吞吐技术应用概况

B 区块油藏为典型的薄层敏感性稠油油藏，主体区敏感性稠油热采配套开发技术产能获突破，形成了泡沫混排+压裂防砂+全程伴注防膨的敏感性稠油油藏开发技术系列。投产后平均单井峰值日产油量 13.7t，周期日产油量平均达 7.3t，周期油汽比为 1.4。

然而，B 区块外扩区储层发育有 G66～68 三个含油小层，平均单层厚度 1～2m。沿用主体区敏感性稠油热采配套开发技术，注汽压力普遍达到 19.7MPa，注汽干度 65%，注汽后峰值日产油量仅 5.8t，周期日产油量平均达 2.7t，油汽比 0.2，经济效益差。

对 B 区块主体区的 B546-X24 井应用径向多分支钻孔技术，根据地层产状、倾角、周围油层发育情况，通过对四个方向径向钻孔施工后，采用氮气泡沫混排防砂，注汽 1500t，注汽压力 17.2～19.5MPa，峰值日产油量达到 8.2t，累积产油量 865t。

该井试验成功反映了采用径向钻孔技术能够实现薄层稠油油藏的产能，将为此类油藏的有效开发提供有力的技术支持。

2. 储层地质背景概述

1) 构造特征

B 区块构造较为简单，北边为一条顺向大断层遮挡，从东南向西北构造逐渐抬高。

2) 储层特征

B 区块馆陶组和东营组岩性主要为疏松粉砂岩、长石砂岩，储层粒度较细，分选中等。平均渗透率为 200～400mD，平均孔隙度为 30%，属高孔中渗储层。储层具有中强水敏、弱酸敏、无速敏、无碱敏特征。

3) 油层特征

(1)油层层数多，单层厚度薄。该块油层共 10 个砂组 38 个小层含油，其中主力层 5 个，次主力层 10 个，非主力层 23 个，各层平均厚度在 3m 左右。

(2)油层分布各异。主力层分布连片，平均厚度在 3.5m 左右；而次主力层分布范围较小，各层平均厚度在 2.5m 左右；非主力层则呈土豆状零星分布。

4) 流体性质及温度压力系统

(1)原油性质。地面脱气原油密度平均为 0.9722g/cm^3，50℃地面脱气原油黏度为 493～8822mPa·s，平均为 3848mPa·s。

(2)地层水性质。地层水总矿化度为 16712mg/L，氯离子含量为 10086mg/L，水型为 CaCl$_2$ 型。在纵向上，随深度增加，地层水总矿化度增加。

(3)油层温度。油层温度为 42～62℃，油层压力为 10.8～12.6MPa，属常温常压系统。

5) 油水关系及油藏类型

(1)油水关系：油水关系复杂，各小层具独立的油水系统。

(2)油藏类型：根据各层组特点得出该区块主要为构造-岩性层状稠油油藏、岩性-地层层状边水稠油油藏。

6) 储量计算

本次储量计算采用容积法，纵向上以小层为计算单元，平面上以具有独立油水系统的油砂体为计算单元，计算得出该块含油面积 1.5km^2，石油地质储量为 170×10^{4}t。

3. 三维精细地质模型建立

1) 建模工作流程

本次建模采用多学科综合一体化原则，以科学的地质理论及三维地质建模理论为依据，充分利用地震、钻井、测井资料，在地质基础研究的基础上，应用三维可视化地质建模软件 Petrel，对 B 区块外扩区块进行高精度三维地质模型的建立，包括三维地质构造模型、确定性岩相模型、随机的岩相控制储层属性模型、三维地质模型粗化。

2) 确定工区范围、模拟单元

工区内的井均集中在工区的北部，目的层内最小井距约 80m，一般在 100～200m。建模使用角点网格坐标，全区网格划分：平面网格用等步长，均为 20m×20m。垂向上根据工区内地层分布特征、沉积单元划分，分为 3 个小层模拟单元，网格步长根据层厚的不同而不同，但每层保持在一个单元格内，外扩区油藏数值模拟在网格划分上采用角点网格，X 方向共划分 197 个网格，Y 方向共划分为 97 个网格。数值模拟三维模型的总节点数为 197×97×3，共 57327 个网格(图 5-66)。

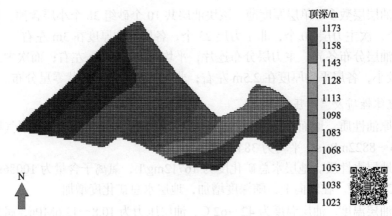

图 5-66　工区网格划分(扫码见彩图)

3) 三维地质属性模型的建立

储层三维建模的最终目的是建立能够反映地下储层物性(孔隙度、渗透率、饱和度、净毛比)空间分布的参数模型。由于地下储层物性分布的非均质性与各向异性，用常规的由少数观测点进行插值的确定性建模，不能反映物性的空间变化。这是因为，一方面储层物性参数空间分布具有随机性，另一方面储层物性参数的分布又受到储层砂体成因单元的控制，表现为具有区域化变量的特征。因此，应用地质统计学和随机过程的相控随机模拟方法，是定量描述储层岩石物性空间分布的最佳选择。

根据现场提供的实际测井数据，即 B540、B541、B546-1、B546-X35、B546-X36、B546-X37、B546-X38、B546-X39、B546-X40、B546-X41、B546-X50、B546-X55 共 12 口井的井口坐标、分层数据及油井基本数据进行分析整理，应用 Petrel 地质建模软件进行三维精细地质建模，其中 B540、B541、B546-1 三口井为老井，已封井，其余斜井均为生产井。地层参数及优化后的径向钻孔参数如表 5-2 所示。

表 5-2　地层参数及优化后的径向钻孔参数

油藏埋深/m	1100	原油密度/(g/cm³)	0.9722
油层厚度/m	2	初始原油饱和度/%	60
地层平均渗透率/10⁻³ μm²	400	初始地层压力/MPa	11
地层平均孔隙度	0.33	地层倾角/(°)	约为 5
脱气原油黏度(50℃)/(mPa·s)	3979	径向钻孔数量/条	4
径向钻孔长度/m	80	径向钻孔夹角/(°)	33.21

（1）孔隙度模型。

孔隙度的变化在很大程度上受到砂体分布的影响，而且孔隙度的分布应该与砂体的分布相一致。因此，在计算孔隙度模型时采用了相控的计算方法，即利用已经完成的岩相模型对孔隙度模型的计算进行约束（图 5-67），使两者在分布规律上保持一致。

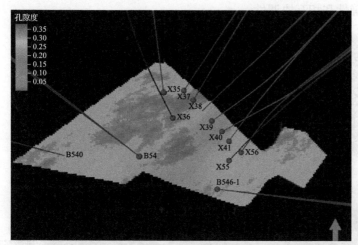

图 5-67　B 区块外扩区孔隙度模型（扫码见彩图）

（2）渗透率模型。

测井解释工作证明，储层渗透率与孔隙度之间有密切的关系。因此，渗透率模型和孔隙度模型之间应该有较大的相关性。为了在计算中表达出这一相关性采用克里金函数，利用孔隙度模型对渗透率模型计算进行约束（图 5-68）。

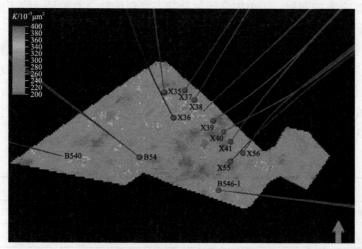

图 5-68　B 区块外扩区渗透率模型（扫码见彩图）

（3）含水饱和度模型。

含水饱和度模型是计算储量和评价油藏的一个重要模型。选用序贯高斯模拟作为模型的计算方法。孔隙度、渗透率、含水饱和度模型的计算均应用了相控参数控制，以便得到孔隙度、渗透率、含水饱和度的非均质平面展布（图 5-69），即以岩相模型中反映出的砂体走势对孔隙度模型的计算进行方向加权约束，保证了属性模型的正确性和相互协调性。

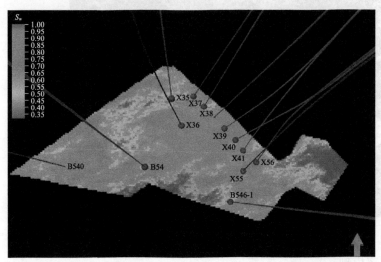

图 5-69　B 区块外扩区含水饱和度模型（扫码见彩图）

4）油藏储量拟合

油藏历史拟合是油藏数值模拟的关键组成部分，是正确认识剩余油分布的基础和制定开发调整方案的前提。历史拟合通过动静态资料的结合及验证，修正地质模型，发现新认识，揭示剩余油的分布，并为油田区块的开发调整提供依据和参考。

在 B 区块外扩区块的模拟计算过程中，采用地质模型建立与数值模拟整体协作的方式进行工作，以确定某些不确定参数，如油藏储量、与油藏连接的水体大小和垂向渗透率及断层的封闭性等，使模拟计算结果与实际情况更加一致，从而保证方案预测的真实可靠性。首先对研究区的地质储量和孔隙体积进行拟合，拟合结果见表 5-3。

表 5-3　研究区地质储量和孔隙体积拟合结果

拟合项目	标定值/10^6	模拟值/10^6	误差/%
地质储量/Sm^3	1.75	1.86	6.29
孔隙体积/Rm^3	15.75	16.26	3.24

注：Sm^3 为标准体积单位；Rm^3 为油藏体积单位。

从拟合结果可以看出，研究区地质储量和孔隙体积拟合结果很好，为下一步生产动态拟合提供了牢固的基础。

5）生产历史拟合

依据现场实际测井地质数据和生产数据建立了典型单井吞吐模型，并根据现场实际径向钻孔施工情况进行了四个方向的径向钻孔模拟，沿用现场实际地层参数和生产参数，采用蒸汽吞吐开发方式进行了一个吞吐周期的蒸汽吞吐模拟开采。

通过模拟结果与实际生产数据拟合，主要调整径向钻孔的孔渗参数及传导率参数，拟合精度较高(图 5-70)。

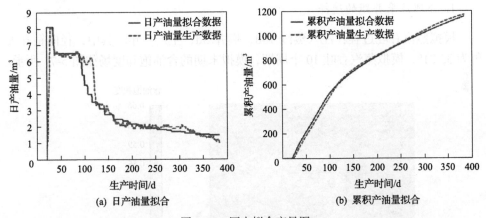

(a) 日产油量拟合　　　　(b) 累积产油量拟合

图 5-70　历史拟合产量图

在实际生产过程中，孔内注汽阻力可以忽略，径向钻孔接近无限导流能力。通过前期大量的现场实际生产数据拟合工作，在较高的历史拟合精度上，确定了径向钻孔的孔渗参数及传导率参数，用于后期影响因素分析等数值模拟工作。

B 区块外扩区块尚未正式投产开发，因此没有对相关的整体区块油、水、压力等实际动态生产情况进行拟合，只能在储量拟合的基础上，对比储层的平均地层压力、含水率等综合指标。结果表明，经过对单井的动态生产情况拟合，平均储层压力和初始含水饱和度与实际测井数据相符，拟合效果较好。

5.5.2　开发区井网井排距优化

表示井网密度或井距的参数主要有注采井距、单井面积及井组面积等。当选择井网与注采井距时，如要获得较快的采油速度，并及时见到汽驱效果，就需要用较小的注采井距；但注采井距越小，需钻的油井数就越多，因而开发投资增大。因此，确定合理的井网与注采井距的主要原则如下。

(1)充分考虑油藏的非均质性及油层连通程度，尽可能使注汽井注入的蒸汽或热水向多井点较均匀地推进，提高面积扫油系数及有效热利用率。

(2)注采井数比例要能适应汽驱开采过程中采注液量比大于1.0的要求,足以形成真正的蒸汽驱开采。

(3)考虑油层地应力状态及微裂缝系统分布规律,井网形状及井距要防止过早出现沿裂缝窜流。

(4)尽可能为蒸汽突破后或发生不规则窜流后留有调整井网及井距的余地。

(5)钻井费用所占总投资的比例很大,虽然井距变小,开发效果较好,但总投资将增大。因此,对于浅层油藏,井网密度可以增大,对于深层油藏,将受到限制。

(6)尽管油藏存在非均质性,但井网仍要规则,各井点不可偏离太多。

1. 合理注采井距的选择

模拟蒸汽吞吐过程:注入蒸汽10d,焖井5d,生产一年。其中,径向钻孔夹角为33.21°,模拟蒸汽吞吐10个周期,模拟末期的含油饱和度场如图5-71所示。

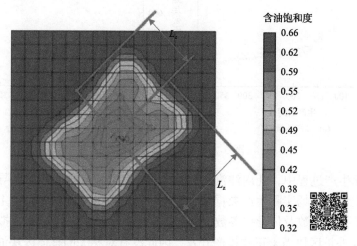

图5-71　蒸汽吞吐(10个周期)含油饱和度场(扫码见彩图)

从图5-71可以看出:含油饱和度场大体呈矩形分布。其中,径向钻孔主要作用方向(即 L_z)较长,约为115m;次要作用方向(L_c)约为70m。

综合现场蒸汽吞吐+蒸汽驱的实施方式,一般注蒸汽吞吐10个周期后转蒸汽驱。转蒸汽驱前的波及范围为115m×70m,在此基础上,避免在蒸汽吞吐过程中出现井间干扰,在蒸汽波及范围外扩10m,得到合理的井排距为150m×240m。

2. 合理井网的确定

目前油藏开发主要有以下几种井网,它们的特点如下(图5-72)。

(1)五点法。这是国内外多数油田常用的井网。其优点是注采井之间都是等距离,由注入井向4口生产井的流线呈辐射状,而且在汽驱阶段易于调整为反九点

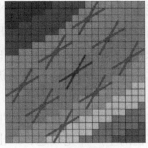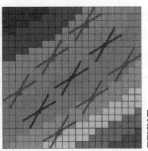

| (a) 五点法井网 | (b) 反九点法井网 | (c) 排状井网 |

图 5-72　井网排布方式(扫码见彩图)

法。五点法的缺点是注采井数比仅为 1.0，即生产井数少，和注入井数相同，这对渗透率较低、生产井产液能力低的情况不适应。

(2)反九点法。该井网每一口注入井周围有 8 口生产井，其中 4 口边井注采井距最小，4 口角井注采井距则较大。注采井数比为 1∶3。

(3)排状井网。五点法及反九点法井网通常应用于无倾角或倾角小的油藏。

针对直井井网，确定合理的井网和井距主要有如下原则。

(1)充分考虑油藏的非均质性及油层连通性，使注入的蒸汽尽可能向多井点均匀推进，提高蒸汽波及面积及有效热利用率。

(2)注采井数比例要能适应油层的注汽能力和产液能力及其变化特点，满足蒸汽驱开采过程中采注液量比大于 1.2 的要求，形成真正的蒸汽驱开采。

(3)尽可能为蒸汽突破或发生不规则窜流后留有调整井网及井距的余地。

(4)钻井费用所占总投资的比例很大，小井距虽然可以取得较好的开发效果，但总投资将增大。因此，需以经济效益最优为原则确定井距。对于浅层油藏，井网密度可以增大；对于深层油藏，井网密度将受到限制。

(5)考虑油藏非均质性的同时，井网布置仍要尽量规则，各个井点不可偏离太多。

在单井排液能力有限的情况下，反九点法井网易于符合上述原则。但是，反九点法井网最突出的问题是边井、角井与注汽井距离不等。注入蒸汽一旦突破边井，将大量由突破井产出，同时带走大量热能；相反，角井很难见到蒸汽驱效果，长期低产。对于油层倾角大(>10°)的油藏，最好采用行列法布井。

对于目标区块，采用数值模拟的方法，设定井距 150m×240m，进行井网形式的优选。在单井控制面积相同的条件下，不同井网蒸汽驱阶段油层压力变化不同。

由图 5-73 与表 5-4 可知，排状井网累积产油量最多，其次为反九点法井网和五点法井网。模拟初期，由于生产井较多，反九点法井网产油量上升速度较快；

模拟后期，由于排状井网地层能量补充情况较好，累积产油量最高。从产油量上看，排状井网比其他两种井网高。并且根据行列法井网开发后期易于调整蒸汽吞吐转蒸汽驱，针对该区块存在倾角、采出程度及累积产油量等特性来说，合理井网为排状井网。当油藏无倾角时，加热带均匀地向四周扩散，受重力作用，蒸汽上浮，热水向底部流动。当倾角很大时，在重力作用下，蒸汽向上倾方向顶部扩散，而凝结热水则流向下倾部位，这样导致上倾部位的生产井提前见到热反应，产出产液量的大部分。而下倾部位的生产井见效迟，产出少，加热效率低。综上所述，以行列法井网最优。

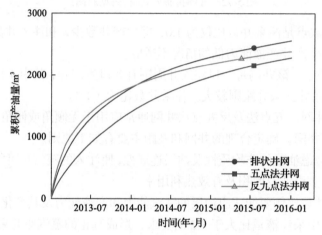

图 5-73 不同井网形式蒸汽驱累积产油量曲线

表 5-4 不同井网蒸汽驱效果对比

井网	井距/m	累积产油量/m³	累积注汽量/m³	采出程度/%
五点法井网	150	2296.7	21900	23.27
反九点法井网	150	2389.8	21900	24.21
排状井网	150	2570	43800	26.04

5.5.3 储层厚度经济极限研究

动用厚度的经济极限指投入的总费用与产出的总收入相等时的油藏厚度，其计算公式为

$$h_{\min} = \frac{(I_D + I_B)(1 + R_j)^{(T_j/2)} B_j}{S \phi \rho_j S_o E_R \tau_j (P - C_j)}$$

式中，I_D 为钻井、径向钻孔等井下作业成本，万元；I_B 为地面及采油投资，万元；

R_j 为投资贷款年利率；T_j 为开发年限，年；B_j 为原油体积系数；ρ_j 为原油密度，g/cm^3；S 为单井开发波及面积，m^2；ϕ 为孔隙度；S_o 为含油饱和度；E_R 为采收率；τ_j 为原油商品率；P 和 C_j 分别为吨油售价及成本，万元。

B 区块平均孔隙度为 0.3，初始含油饱和度为 55%，原油密度为 0.9722g/cm^3，体积系数为 1.015，其他参数如表 5-5 所示。

表 5-5　经济极限厚度计算参数取值情况

钻井成本/(万元/井)	径向钻孔成本/(万元/井)	采油投资/(万元/井)	地面投资/(万元/井)	贷款年利率/%	开发年限	原油商品率/%	吨油售价/万元	吨油成本/万元	采收率/%
285	45	180	60	5	8	97	2150	840	30

综上所述，径向钻孔后单井蒸汽吞吐的波及面积为 240m×150m 时，可得到经济极限厚度为 3.2m。

5.5.4　蒸汽吞吐注采参数优化

1. 实验参数

单井试油资料及 PVT 实验数据表明，研究区原油物性较差，地面原油密度为 0.9722g/cm^3。该区块油层平均厚度为 3m，束缚水饱和度为 0.3743，初始地层压力为 11MPa（1100m），溶解气油比为 10，油的体积系数为 1.015。

根据该区块取心井的室内相渗实验数据进行归一化：束缚水饱和度为 0.3743，残余油饱和度为 0.38。数值模拟中使用的油水两相相对渗透率曲线如图 5-74 所示，具体实验数据参考表 5-6。

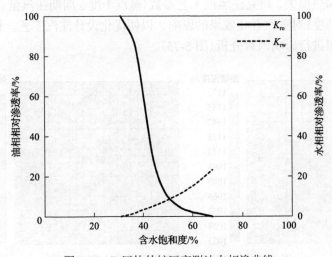

图 5-74　B 区块外扩区实测油水相渗曲线

表 5-6　B 区块外扩区实测油水相渗　　　　　（单位：%）

含水饱和度	油相相对渗透率	水相相对渗透率
31	100	0
36.1	88.6	1.5
40.9	54.4	3.8
46.1	19.9	6.2
50.9	8.5	8.9
54.8	4.6	11.3
60.2	2	15.5
68	0	23.3

2. 流体及岩石物性参数

本次模拟中采用的流体及岩石物性参数如表 5-7 所示。

表 5-7　流体及岩石物性参数

地面水密度/(g/cm³)	地面原油密度/(g/cm³)	水的压缩系数/MPa⁻¹	地面油体积系数/MPa⁻¹	岩石的压缩系数/MPa⁻¹	水的体积系数	水的黏度/(mPa·s)	50℃地面脱气原油黏度/(mPa·s)
1.0	0.9722	6.03×10^{-4}	11	2.65×10^{-5}	1.07	0.3	3979

3. 蒸汽吞吐注采参数

考虑井筒热损失，研究注蒸汽工艺参数（蒸汽干度、周期注汽量、不同蒸汽递增量、注汽速度）对蒸汽吞吐效果的影响，以便优化设计注汽工艺。针对此区块，提取一个井组进行影响因素分析（图 5-75）。

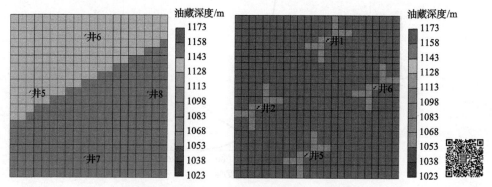

图 5-75　研究区块中提取的子模型（扫码见彩图）

1) 蒸汽干度

蒸汽干度不仅关系到单位时间内注入油层中的热量的大小，而且关系到能否在油层中建立起不断向前推进的蒸汽带，蒸汽干度越高，汽化潜热就越大。只有当油层中补充的汽化热焓量大于油层中的散热量(损失于顶底岩石、隔夹层及油层岩石、流体吸收的热量等)时，蒸汽带才能向前扩展。蒸汽吞吐的效果主要取决于蒸汽带在纵向上及平面上的扩展体积大小，即体积扫油系数。蒸汽干度越高，开发效果越好。

针对提取的井组子模型，设计了 4 套注蒸汽干度方案，蒸汽干度分别为 0.2、0.4、0.7、0.9，结果如图 5-76 所示。由数值模拟结果可知，在相同的注汽量、注汽速度及焖井时间条件下，蒸汽干度越高，加热半径越大，峰值产量较高，周期产量也较高，因此，建议尽量提高井底蒸汽干度。

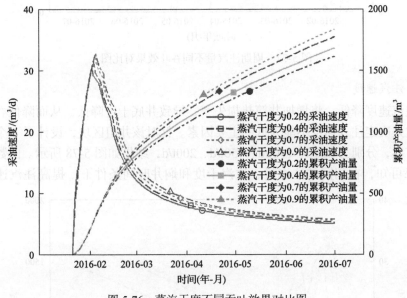

图 5-76　蒸汽干度不同吞吐效果对比图

2) 周期注汽量

对于具体油藏条件，周期注汽量具有最优范围。周期注汽量越大，加热范围增加，热油产量高。但是，周期注汽量太高，油汽比下降，油井停产作业时间延长，则不利于生产。针对提取出的井组子模型，设计了 4 套蒸汽周期注汽量方案，分别为 500t、1000t、1500t、2000t，结果如图 5-77 所示。由数值模拟结果可知，在相同的注汽速度、注汽干度及焖井时间条件下，累积产油量随周期注汽量增加而增加，但是增加幅度逐渐变缓；注汽时间过长，会导致油井停产作业时间延长，峰值产量会降低。因此，研究区块适合的周期注入量为 1500t。

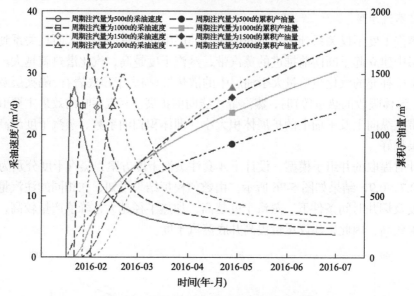

图 5-77　周期注汽量不同吞吐效果对比图

3) 注汽速度

注汽速度降低，将增加井筒热损失率，导致井底干度降低，从而降低吞吐效果。这是决定注入速度不能太低的主要因素。针对该井组区块，设计了 4 个注汽速度方案，分别为 50t/d、100t/d、150t/d、200t/d，结果如图 5-78 所示。由数值模拟结果可知，在相同的注汽量、注汽干度和焖井时间条件下，提高注汽速度在

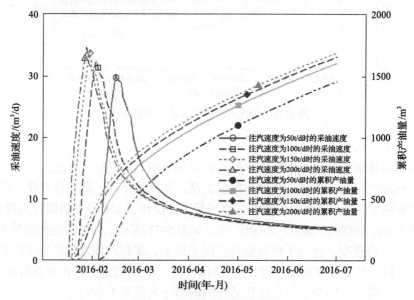

图 5-78　注汽速度不同吞吐效果对比图

一定范围内对产量的提升明显，但注汽速度超过 100t/d 时，对产量的提升并不明显，因此 B 区块外扩区块适合的注汽速度为 150t/d。

综上所述，在其他生产参数不变的条件下，逐一分析了蒸汽干度、周期注汽量和注汽速度等不同生产参数对径向钻孔蒸汽吞吐加热范围的影响，结论如下：

(1) 累积产油量随周期注汽量增加而增加，但是增加幅度逐渐变缓，研究区块适合的周期注入量为 1500t。

(2) 提高注汽速度在一定范围内对产量的提升明显，B509 外扩区块适合的注汽速度为 150t/d。

(3) 蒸汽干度对周期产量影响较大，需尽量提高井底蒸汽干度。

第6章　热化学驱稠油非线性渗流理论与开发方法

热化学复合驱(简称热化学驱)技术是利用热能和化学体系的技术优势结合作用，引起原油黏度和油水两相界面特性的改变，达到大幅度提高原油采收率的目的。本章建立了热-流-化多因素影响的化学开采渗流数学模型，通过数值模拟方法进行稠油油藏化学驱产能预测分析及注入参数优化。

6.1　技　术　原　理

现如今主要的热化学驱开发技术有热/碱复合驱、热/聚合物复合驱、热/表面活性剂复合驱、热/泡沫复合驱、水热催化裂解技术、热/降黏剂复合驱，各种技术针对不同的油藏储层特性有不同的驱替特点[71-75]。

热/碱复合驱机理较复杂。目前世界上较公认的提高采收率机理是：碱的存在可有效增加蒸汽的重力，降低水油流度比，蒸汽窜流和超覆时间推迟；原油中石油酸可与碱发生化学作用，生成具有降低油水界面张力的表面活性剂，且表面活性剂还可以改变岩石润湿性。与此同时，也存在一些问题：碱的注入造成地层伤害，井筒和管线结垢严重，产出液破乳较难；高温下碱消耗大，降低了经济效益；热/碱复合驱机理复杂，现场试验成功率低。因此，此技术未得到有效的现场推广。随着科学技术的发展和环保要求的提高，低碱、有机碱甚至无碱的驱油体系将成为未来开采稠油的有效方法。

热/聚合物复合驱稠油开采技术是为提高稠油油藏采收率而发展的一种稠油开采接替技术。由于蒸汽采油后还有大量稠油不能采出，此技术可用于热力驱开发后的稠油油藏。其机理是聚合物分子可封堵大孔喉，改善注入蒸汽效果，调整吸气剖面，提高稠油油藏采收率。

热/表面活性剂复合驱机理综合了稠油热采和表面活性剂驱采油技术的机理。主要优点：降低原油黏度，提高其流动性；降低岩石、油、水间的界面张力，增加毛细管系数，降低残余油饱和度；生成的水包油型乳状液可携带、捕集、聚结剩余油滴；提高岩石水湿程度，降低水相相对渗透率并提高油相相对渗透率，乳状液内颗粒可封堵大孔喉，降低高渗透层的绝对渗透率，储层的非均质性得到很好的改善，提高了稠油油藏采收率。热/表面活性剂复合驱中因为表面活性剂的存在，可降低油水界面张力，乳化降黏作用可提高洗油效率。但要求表面活性剂具有高温下稳泡效果好、岩石表面吸附量小、与地层流体配伍性好、有效降低蒸汽流度等特点。目前热采使用的主要是阴离子型表面活性剂，其中磺酸盐型最多。

6.2　化学剂降黏开采渗流数学模型

6.2.1　渗流特性方程

1. 运动方程

$$\boldsymbol{u}_j = -\frac{K \cdot K_{rj}}{\lambda_j \cdot \mu_j}\left(\mathrm{grad}p_j - \rho_j g\right) \tag{6-1}$$

$$\mu_T = \mu_0 - A\mu_0 \left/ \mathrm{e}^{S_j \cdot \left(aT_s^2 + bT_s + c\right)} \right. \tag{6-2}$$

式中，$\boldsymbol{u}_j$ 为 j 相的速度矢量；ρ_j 为相密度；K、K_{rj} 分别为绝对渗透率和 j 相相对渗透率；p_j 为 j 相压力；g 为重力加速度；λ_j 为 j 相阻力系数；μ_j 为 j 相的黏度；μ_0、μ_T 分别为 0 时刻、T 时刻的黏度；S_j 为 j 相饱和度；T_s 为温度；a、b、c 为系数。

2. 组分模型

$$\frac{\partial}{\partial t}(\phi_e \tilde{C}_i) + Q_i = \nabla \cdot \left[\rho_j \cdot \vec{U}_j\right] \tag{6-3}$$

式中，ϕ_e 为有效流动孔隙系数；$\tilde{C}_i$ 为 i 组分总浓度，体积分数；Q_i 为单位多孔介质体积中注入和采出的流体体积。

3. 状态方程

1) 体积浓度方程

$$\sum_{i=1}^{N_p} C_i = 1 \quad (i = 1, 2, 3, \cdots, N_p) \tag{6-4}$$

$$\sum_{i=1}^{N_{pj}} S_j C_{ij} = C_i \quad (i = 1, 2, 3, \cdots, N_{pj}) \tag{6-5}$$

$$\tilde{C}_i = C_i + \overline{C}_i \tag{6-6}$$

式中，C_i 为运动相中 i 组分的浓度，体积分数；$\overline{C}_i$ 为固相中催化剂的体积分数；S_j 为 j 相饱和度；N_p 为流体相的总数；N_{pj} 为第 j 相流体的组分数；C_{ij} 为第 j 相流体中 i 组分的体积浓度。

2）饱和度定义

$$\sum_{i=1}^{N_{pj}} S_j = 1 \quad (i = 1, 2, 3, \cdots, N_{pj}) \tag{6-7}$$

3）毛细管压力（p_c）

$$p_{cjj'} = p_j - p_{j'} \tag{6-8}$$

式中，$p_{cjj'}$ 为 j 相和 j' 相之间的毛细管压力；p_j 和 $p_{j'}$ 分别为 j 相和 j' 相的流体压力。$p_{cjj'}$ 为 j 相饱和度 S_j 和毛细管数 n_c 的函数。具体关系由实验测得。

降黏前：

$$\frac{\partial}{\partial t}\Big[\phi_e(C_i + \bar{C}_i)\Big] + Q_i = -\nabla \cdot \left[\rho_j \frac{K \cdot K_{rj}}{\lambda_j \cdot \mu_j}(\mathrm{grad}\,p_j - \rho_j g)\right] \tag{6-9}$$

降黏后：

$$\frac{\partial}{\partial t}\Big[\phi_e(C_i + \bar{C}_i)\Big] + Q_i = -\nabla \cdot \left[\rho_j \frac{K \cdot K_{rj}}{\lambda_j \cdot \mu_T}(\mathrm{grad}\,p_j - \rho_j g)\right] \tag{6-10}$$

式中，μ_T 为 j 相在 T 时刻的黏度。

6.2.2 渗流数学模型

稠油在地层中的流动具有非牛顿流体的特点，若将其视为宾厄姆流体，那么稠油的流动存在一个启动压力梯度。因此，对于稠油油藏的产能计算来说，不能用常规的稀油油藏产能公式来代替，否则在计算上会产生很大误差[76-78]。

1. 直井产能公式

1）稠油油藏非达西线性渗流的压力分布公式

考虑启动压力梯度的非达西线性渗流的运动方程：

$$v = \frac{K}{\mu}\left(\frac{\mathrm{d}p}{\mathrm{d}r} - G\right) \tag{6-11}$$

式中，v 为渗透速度；μ 为流体黏度；G 为启动压力梯度；r 为径向流的半径；p 为压力，MPa。

结合径向渗流的连续性方程：

$$\frac{\mathrm{d}}{\mathrm{d}r}(v) + \frac{1}{r}v = 0 \tag{6-12}$$

将式(6-11)代入式(6-12)，整理可得径向低速非达西线性渗流的控制方程：

$$\frac{1}{r}\frac{\mathrm{d}}{\mathrm{d}r}\left[r\left(\frac{\mathrm{d}p}{\mathrm{d}r}-G\right)\right]=0 \tag{6-13}$$

对式(6-13)中的 r 进行积分，得

$$r\left(\frac{\mathrm{d}p}{\mathrm{d}r}-G\right)=B \tag{6-14}$$

式中，B 为积分后的常数。

对式(6-14)整理得

$$\frac{\mathrm{d}p}{\mathrm{d}r}=\frac{B}{r}+G \tag{6-15}$$

再对式(6-15)中的 r 进行积分，得

$$p=B\ln r+Gr+C \tag{6-16}$$

式中，C 为积分后的常数。

在供给边界处，$r=r_\mathrm{e}$，$p=p_\mathrm{e}$，其中 r_e 为径向流的外边界半径；p_e 为径向流的外边界压力。在井筒处，$r=r_\mathrm{w}$，$p=p_\mathrm{wf}$，其中 r_w 为井筒半径；p_wf 为井底流压。

因此，可得

$$p_\mathrm{e}=B\ln r_\mathrm{e}+Gr_\mathrm{e}+C \tag{6-17}$$

$$p_\mathrm{wf}=B\ln r_\mathrm{w}+Gr_\mathrm{w}+C \tag{6-18}$$

由式(6-17)和式(6-18)可以解出 B 和 C：

$$B=\frac{p_\mathrm{e}-p_\mathrm{wf}-G(r_\mathrm{e}-r_\mathrm{w})}{\ln\dfrac{r_\mathrm{e}}{r_\mathrm{w}}} \tag{6-19}$$

$$C=p_\mathrm{e}-\frac{p_\mathrm{e}-p_\mathrm{wf}-G(r_\mathrm{e}-r_\mathrm{w})}{\ln\dfrac{r_\mathrm{e}}{r_\mathrm{w}}}\ln r_\mathrm{e}-Gr_\mathrm{e} \tag{6-20}$$

由此，可以得到低速非达西线性渗流的压力分布公式为

$$p=p_\mathrm{e}+\frac{p_\mathrm{e}-p_\mathrm{wf}-G(r_\mathrm{e}-r_\mathrm{w})}{\ln\dfrac{r_\mathrm{e}}{r_\mathrm{w}}}\ln\frac{r}{r_\mathrm{e}}+G(r-r_\mathrm{e}) \tag{6-21}$$

2) 带启动压力非达西线性渗流的油井产量公式

根据考虑启动压力梯度的非达西线性渗流的运动方程：

$$v = \frac{K}{\mu}\left(\frac{\mathrm{d}p}{\mathrm{d}r} - G\right)$$

可以得到径向低速非达西线性渗流的油井产量公式为

$$Q = \frac{2\pi Khr}{\mu}\left(\frac{\mathrm{d}p}{\mathrm{d}r} - G\right) \tag{6-22}$$

移项并整理，得

$$\frac{\mathrm{d}p}{\mathrm{d}r} = \frac{Q\mu}{2\pi Khr} + G \tag{6-23}$$

式中，h 为油层有效厚度。

在供给边界处，$r = r_{\mathrm{e}}$，$p = p_{\mathrm{e}}$；在井筒处，$r = r_{\mathrm{w}}$，$p = p_{\mathrm{wf}}$。

因此，式(6-23)两端对 r 积分，可以得到

$$\Delta p = p_{\mathrm{e}} - p_{\mathrm{wf}} = \frac{Q\mu}{2\pi Kh}\ln\frac{r_{\mathrm{e}}}{r_{\mathrm{w}}} + G(r_{\mathrm{e}} - r_{\mathrm{w}}) \tag{6-24}$$

式(6-24)为考虑启动压力梯度的非达西线性渗流的油井产量公式。

2. 压裂井产能公式

水力压裂措施是开发油田的重要手段，压裂后在井底附近形成裂缝，裂缝能够改变井底附近流体的渗流方式，减少能量消耗，使油气井增产、水井增注。据研究，深度超过 700m 的一般都是垂直裂缝，压裂后油层中的流动为低速非达西渗流，裂缝中的流动遵循达西定律，为达西渗流。近几年对压裂数学模型的建立和研究已从二维逐渐发展至三维[79]。

基质-人工压裂缝达西与非达西渗流耦合数学模型研究如下所述。

压裂缝通常是长度为几十米到几百米、宽度为毫米级的人工裂缝，通常缝中铺置有支撑剂，具有较高的导流能力。由于裂缝宽度很小，许多研究者常常假设缝中流动符合达西渗流，然而由于缝中导流能力高，实际缝中流动常表现非达西流。根据油田流动特点，其储层与压裂井中的流体流动可以分为三个部分：第一部分地层流入井附近，为低速非达西流；第二部分井附近流体流入井筒，为低速非达西流；第三部分裂缝井内流体呈达西流动。

对于裂缝，在建立模型时，将地层及裂缝看作两个相对的渗流系统，两者之间通过地层与裂缝间的渗流量和压力相等的原则确定连接条件，建立了带有水平

裂缝的油藏三维两相模拟模型。

数学模型的基本假设条件如下。

(1)水平裂缝关于井筒对称分布,且裂缝具有有限导流能力,裂缝为"圆饼"状,且位于油层中部。压裂裂缝的介质网格只与相邻压裂裂缝的介质网格和微裂缝网格及本地空间的基质网格发生流体交换。

(2)流体在那些含有人工压裂缝的压裂裂缝介质网格中的渗流,服从高速非线性渗流规律。基质与裂缝系统间的流体流动则认为是符合低速非线性渗流规律的。

(3)地层均质且各向同性,地层及流体都具有微可压缩性;忽略重力与毛细管力的影响。

(4)裂缝保持温度不变;致密基质岩块为亲水岩石;毛细管自发渗吸作用是主要的采油机理,不考虑重力作用。

在地层中采用三维两相模型,而在裂缝内由于裂缝宽度很小,只有几毫米,所以采用两维两相模型,基本数学模型如下[80-84]。

1)裂缝中高速非线性渗流

前人从大量的实验中发现:达西定律并不是在任何情况下都适用。当渗流速度超过一定值后,速度与压力梯度之间的线性关系开始破坏,实验曲线开始偏离直线。

人们经过大量的实验和理论推导,得出了上述地层流体非线性渗流的各种表达式,其中二项式的高速非线性渗流模型应用得最为广泛。

$$\nabla p = \frac{\mu}{K} v + \beta \rho v^2 \tag{6-25}$$

式中,β 为高速非线性渗流系数即惯性系数,若 β 有变化,则非线性渗流模型随之改变。研究中我们采用了 Frederic 等提出的方法来计算[80], β 的具体表达式为

$$\beta = \frac{0.005}{(1 - S_w)^{5.5} \cdot K_i^{0.5} \phi_i^{5.5}} \tag{6-26}$$

式中,S_w 为含水饱和度;K_i 为初始渗透率;ϕ_i 为初始孔隙度。

2)人工压裂缝控制范围内的椭圆渗流

裂缝井采油时,诱发地层中的平面二维椭圆渗流,形成以裂缝端点为焦点的共轭等压椭圆和双曲线流线簇,其直角坐标和椭圆坐标的关系为

$$x = a\cos\eta , \quad y = b\sin\eta$$

$$a = l \operatorname{ch}\xi , \quad b = l \operatorname{sh}\xi$$

式中，a 为椭圆长半轴长；b 为椭圆短半轴长；l 为椭圆的焦距；η 为直角坐标系中任意一点在单位圆中的角度；ξ 为椭圆供给边界。

由此关系得到等压椭圆和双曲流线为

$$\frac{x^2}{a^2} + \frac{y^2}{b^2} = 1 \ , \quad \frac{x^2}{l^2 \cos^2 \eta} - \frac{y^2}{l^2 \sin^2 \eta} = 1$$

对于油藏，广义的达西公式在椭圆坐标中可表示为

$$v = \frac{QB}{4x_f h \mathrm{sh}\xi} = \frac{K}{\mu}\left(\frac{\partial p}{\partial r} - G\right)$$

式中，Q 为流量；x_f 为裂缝半长。

其中平均短轴 $\bar{y} = \dfrac{2}{\pi}\displaystyle\int_0^{\frac{\pi}{2}} y\mathrm{d}\eta = \dfrac{b}{2\pi} = \dfrac{2x_f \mathrm{sh}\xi}{\pi}$。

对上述方程从 (ξ_0, p_{wf}) 到 (ξ, p_r) 进行积分，得稳态生产压差为

$$p_r - p_{wf} = \frac{\mu BQ}{2\pi Kh}(\xi - \xi_0) + \frac{2x_f G}{\pi}(\mathrm{sh}\xi - \mathrm{sh}\xi_0) \tag{6-27}$$

式中，ξ_0 为初始时刻的椭圆供给边界；p_r 为半径 r 处的压力。

3）靠近井的油层中的流动为径向定常渗流

此处流体的流动为低速非达西渗流，此时径向定常渗流的数学表达式可写为

$$v = \frac{QB}{2\pi Kh} = \frac{K}{\mu}\left(\frac{\partial p}{\partial r} - G\right) \tag{6-28}$$

对上述方程从 $(l-r, r_w)$ 进行积分，得裂缝控制范围外油层中的稳态生产压差为

$$p_w - p_r = \frac{\mu BQ}{2\pi Kh}\ln\left(\frac{l-r}{r_w}\right) + G(l-r-r_w) \tag{6-29}$$

式中，l 为椭圆焦距。

因为流体在两种流动的交界处压力相等，裂缝内的流动和裂缝外的流动相加即可得到此时的总流量，由式(6-26)、式(6-27)和式(6-29)可得

$$\begin{aligned} p_0 &+ \frac{\mu BQ}{2\pi Kh}(\xi - \xi_0) + \frac{2x_f G}{\pi}(\mathrm{sh}\xi - \mathrm{sh}\xi_0) + \frac{\mu}{K_f}\frac{Q}{w_f h} + \frac{\beta\rho}{x_f}\left[\frac{Q}{w_f h}\right]^2 \\ &= p_w - \frac{\mu BQ}{2\pi Kh}\ln\left(\frac{l-r}{r_w}\right) - G(l-r-r_w) \end{aligned} \tag{6-30}$$

式中，$l-r$ 为交界处的极坐标；ξ 为椭圆供给边界；K_f 为裂缝渗透率；w_f 为裂缝宽度。

式(6-31)为油层中基质-人工压裂缝达西与非达西渗流耦合情况下产能与压力的关系表达式。式(6-31)为一个关于产量的二次多项式。由二次多项式解的求解公式可得

$$Q = \frac{-b + \sqrt{b^2 - 4ac}}{2a} \tag{6-31}$$

式中，

$$a = \frac{\beta \rho}{(w_f h)^2 x_f} \tag{6-32}$$

$$b = \frac{\mu B}{2\pi K h}\left[\xi - \xi_0 + \ln\left(\frac{l-r}{r_w}\right)\right] + \frac{\mu}{K_f \cdot w_f \cdot h} \tag{6-33}$$

$$c = -\left[p_w - p_0 - \frac{2x_f G}{\pi}(\mathrm{sh}\xi - \mathrm{sh}\xi_0) - G(l-r-r_w)\right] \tag{6-34}$$

6.3 化学剂降黏开采数值模拟

6.3.1 数值模拟方法

在同一个网格块内，有 $N_c + N_p + 2$ 个方程，其中 N_c 是组分数，N_p 是相数，自变量为 N_c 个组分数加上 N_p 个相数再加上压力和温度，则有 $N_c + N_p + 2$ 个自变量，方程数与未知数相等，方程是封闭的。

将所有网格块的质量守恒方程联系在一起，便得到整个油藏的描述方程组。这个方程组是不定常非线性的偏微分方程组。总未知量数目为 $N \times (N_c + N_p + 2)$，初始条件是没有零时刻的物理场分布，但是允许在油藏的边界上、下考虑状态变化。

给出初始条件和边界条件后，这个方程组就可以求解。选择有限差分格式求解，提高运算速度，方便调整。

6.3.2 影响因素分析

根据上述理论推导来进行数值计算，结果见表 6-1～表 6-4。计算结果表明：

表 6-1 非牛顿幂律流体特性对直井产量的影响

	n			
	0.60	0.65	0.70	0.725
$Q/(\text{m}^3/\text{s})$	1.088×10^{-10}	1.048×10^{-7}	3.739×10^{-5}	5.189×10^{-4}

表 6-2 启动压力梯度对非牛顿幂律流体直井产量的影响

n		$Q/(\text{m}^3/\text{s})$
有启动压力	0.70	2.519×10^{-5}
	0.75	3.472×10^{-4}
无启动压力	0.70	3.739×10^{-5}
	0.75	5.189×10^{-4}

表 6-3 启动压力梯度对非牛顿幂律流体水平井产量的影响

n		$Q/(\text{m}^3/\text{s})$
有启动压力	0.75	1.876×10^{-4}
	0.775	4.024×10^{-3}
无启动压力	0.75	2.073×10^{-4}
	0.775	4.416×10^{-3}

表 6-4 启动压力梯度大小对非牛顿幂律流体水平井产量的影响($n=0.275$)

	启动压力梯度/(Pa/m)				
	0.1	1	5	10	30
$Q/(\text{m}^3/\text{s})$	4.49×10^{-3}	4.37×10^{-3}	4.206×10^{-3}	4.024×10^{-3}	1.893×10^{-3}

  非牛顿流体特性明显影响直井、水平井的产量，其流体的非牛顿性越强（流体的非牛顿指数 n 小），产量越少。从表 6-1 可以看出，当 n 为 0.60 时，直井的产量为 $1.088\times10^{-10}\text{m}^3/\text{s}$；当 n 为 0.65 时，直井的产量为 $1.048\times10^{-7}\text{m}^3/\text{s}$；当 n 为 0.725 时，直井的产量为 $5.189\times10^{-4}\text{m}^3/\text{s}$。从表 6-3 可以看出，无启动压力时，当 n 为 0.75 时，水平井的产量为 $2.073\times10^{-4}\text{m}^3/\text{s}$；当 n 为 0.775 时，水平井的产量为 $4.416\times10^{-3}\text{m}^3/\text{s}$。

  流体的启动压力梯度明显影响直井、水平井的产量，影响幅度可达到 10%～40%，对水平井的影响幅度小于对直井的影响，结果见表 6-2、表 6-4。从表 6-2 可以看出，当 n 为 0.70 时，无启动压力的直井产量为 $3.739\times10^{-5}\text{m}^3/\text{s}$，有启动压力的直井产量为 $2.519\times10^{-5}\text{m}^3/\text{s}$。从表 6-4 可以看出，当 n 为 0.275 时，随着启动压力梯度的升高（0.1～30Pa/m），水平井的产量从 $4.49\times10^{-3}\text{m}^3/\text{s}$ 降至

$1.893 \times 10^{-3} \text{m}^3/\text{s}$。

6.3.3　化学剂浓度优选

为了更有效地提高泡沫剂的驱油效率，根据室内物理化学特性，我们对不同浓度下的泡沫剂进行了考察。模拟时采用的化学剂浓度是 0.2%（质量分数）、0.3%（质量分数）、0.4%（质量分数）、0.5%（质量分数）、0.6%（质量分数）。模拟结果表明，浓度过低，化学剂增溶能力弱，泡沫稳定性差，驱油效果不明显。当选择浓度为 0.6%（质量分数）时驱油效果最好。这是由泡沫剂性能所致。有关数据见表 6-5。

表 6-5　各方案产油量对比

方案	段塞浓度/%（质量分数）	1998 年日产油量/m³	1998 年增油量/m³
C1	0.2	24.925	989.2
C2	0.3	25.279	1118.4
C3	0.4	25.782	1301.9
C4	0.5	26.778	1665.5
C5	0.6	26.831	1684.8

6.3.4　段塞尺寸优选

注入化学剂的段塞尺寸直接影响驱油效果，以及经济评价的效果。为此，我们设计了注入泡沫剂 1 个月、2 个月、4 个月、6 个月、8 个月共五套方案。注泡沫过程需要贵重的设备，经济投入较大，因此段塞的选择是非常重要的。

不同段塞尺寸下的产油量对比见表 6-6。从表 6-6 中可以看出，注入泡沫剂后增油量明显增加，但各方案的增油幅度相当。仅从化学剂量所需费用上看，以方案 S1（注入泡沫剂 1 个月）更经济，技术可行性也强，产出投入比大。由此看来，注入段塞选用方案 S1 即注 1 个月泡沫剂驱油更好。

表 6-6　不同段塞尺寸下的产油量对比

方案	注入泡沫剂时间/月	1998 年日产油量/m³	1998 年增油量/m³
S1	1	26.413	1532.3
S2	2	26.527	1573.9
S3	4	26.619	1607.5
S4	6	26.705	1338.9
S5	8	26.778	1665.5

6.4　化学剂驱稠油技术现场应用

6.4.1　地质和开发概况

1. 区域构造特征

L 油田是一个多期构造复合叠加的复式断褶带，东西长约 70km，南北宽 5～10km，区带总面积 350km²。总体上是一个断块、岩性和地层油藏叠合连片的大型复式油气富集带。

L 油田中西区构造带油藏埋深 2300～3700m，构造展布具有南北分带、东西分块的特点，断层具有良好的封堵性，油层顶面海拔自东向西逐步降低，油藏纵向上发育两套油水系统，油层厚度 30～100m，油藏类型为断块构造边水油藏或厚层块状底水油藏。L 油田东区构造带油藏埋深 1900～2300m，主要目的层为二叠系和侏罗系。油藏类型主要为大型岩性—地层层状稠油油藏。

2. 储层特征

L 油田储层平均孔隙度为 21.7%，平均渗透率为 345.5mD，属中孔、中渗储层。平面上不同地区储层物性差异明显，随着油藏埋深增加，储层物性由好变差，L 油田中区 L 区块储层孔隙度平均为 30.4%，平均渗透率为 694mD；YY 区块平均孔隙度为 23.6%，平均渗透率为 429mD；西区 Y1 区块平均孔隙度为 18.9%，平均渗透率为 119mD；西区 Y2 块平均孔隙度为 16.0%，平均渗透率为 91.0mD。

3. 流体性质

1) 地面原油性质

L 油田中区 L 区块的地面原油黏度为 36520mPa·s，随着油藏埋深的增加，到西区 Y1 区块黏度降为 12800mPa·s。不同层系间，东区 J_2q 油藏的黏度比中、西区 T_2k 油藏的黏度低，而 P_3cf 油藏的黏度则比中、西区 T_2k 油藏的黏度高。

2) 地层原油性质

根据 Y2 井地下稠油物性测定结果，溶解气油比为 12.99m³/m³，饱和压力为 4.1MPa，利用地面脱气原油黏温特性测试、高压物性测试及地层温度测试等资料，计算地层温度下中、西区含气地层原油黏度分别为 Y1 区块 154mPa·s、Y2 区块 286mPa·s、L2 区块 526mPa·s，按照稠油分类标准，该油田原油类型属于普通稠油 B 类。

3）地层水性质

中、西区油藏地层水型均为 $CaCl_2$ 型，地层水总矿化度为 50000～180000mg/L，平面上表现为自西向东逐渐升高的趋势。只有 L8 井 2 层为 $NaHCO_3$ 型，地层水总矿化度为 32925～170307mg/L。

6.4.2　历史拟合及效果分析

1. 区块开采历史拟合

1）储量拟合

本次模拟区域为整个构造区块，模拟相对完整，模拟储量与实际一致。试验区储量拟合精度达到 96.1%，如图 6-1 所示。

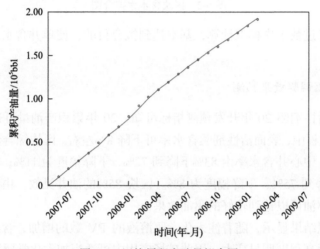

图 6-1　区块累积产油量拟合图

2）含水率拟合

由于油藏模拟采用生产井定液量控制，水产量受储层含水饱和度和岩石相对渗透率的制约，而储层非均质性和生产井增产措施及生产制度将影响油井含水率，降低油藏含水率拟合精度，本次模拟通过油水相对渗透率和储层含水饱和度的修正，对油藏含水率拟合取得了较好的效果。试验区含水率拟合精度与实际含水率差值在 2.9% 以内，如图 6-2 所示。

2. 单井历史拟合

低孔低渗油藏，储层非均质性强，含水饱和度差别大，单井增产措施和效果各异，注水收效程度不同，致使单井含水率在时间和空间分布差异大，含水率拟

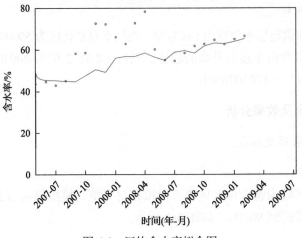

图 6-2　区块含水率拟合图

合难度大。经过数十次模拟计算，基本达到拟合目的，使单井含水总体拟合程度达 86.7%。

3. 化学驱调驱效果预测

由表面活性剂驱 20 年开发预测指标可知，20 年累积产油量可达 33 亿 m³ 左右。在驱替过程中，表面活性剂驱含水率可下降 8% 左右。区块综合含水率由 85% 下降到 73%，中心井含水率由 83% 下降到 72%，下降幅度为 11%；非中心井含水率由 83% 下降到 75%，下降幅度为 8%。区块 85% 的油井见效。由此可以看出，表面活性剂驱油可以达到较好的驱油效果。

数值模拟结果显示，随着注入化学驱溶液的 PV 数的增加，含水率下降程度及采出程度提高程度明显变大，因此矿场应用中可适当加大化学驱溶液用量。

4. 化学驱与水驱采收率比较

表面活性剂驱与水驱 20 年开发预测指标比较如表 6-7 所示，从表中可以看到化学驱的采收率要比水驱预测高 4.34%。在这 20 年的开发过程中，化学驱相比水驱来说，在较大幅度提高采出程度的同时，含水率上升较为缓慢。例如，生产时

表 6-7　表面活性剂驱与水驱预测指标对比

驱替方式	生产时间/年	累积产油量/10⁴m³	含水率/%	采出程度/%	采收率/%
水驱预测	5	73468	78.53	1.70	8.36
	10	114330	82.86	2.64	
	15	185030	88.88	4.27	
	20	235194	93.21	5.43	

续表

驱替方式	生产时间/年	累积产油量/$10^4 m^3$	含水率/%	采出程度/%	采收率/%
化学驱预测	5	125318	75.68	5.88	12.70
	10	201786	79.88	9.78	
	15	277760	83.47	10.12	
	20	329887	86.58	11.35	

间为 20 年时，水驱预测的含水率为 93.21%，采出程度为 5.43%；而化学驱预测的含水率为 86.58%，采出程度为 11.35%。这说明表面活性剂驱起到较好的增产效果，同时也显著控制了含水率的上升。

第7章 气水交替驱稠油渗流理论与开发方法

气水交替驱(WAG)作为一种技术上的创新,把提高气驱的微观驱油效率与提高注水的波及体积结合起来,达到提高驱油效率、增加地层能量,从而提高采收率的目的。本章根据气水交替驱不同阶段的流动特征,建立了有针对性的多组分数学模型,明确了气水交替驱提高稠油油藏采收率的渗流机理和驱替效果,并分析了气水交替驱的主要影响因素。

7.1 技 术 原 理

气水交替驱油结合了水驱油和气驱油各自的特点,能够较好地控制流度及较稳定地控制驱替前缘从而较大幅度提高采收率。由多年来的开发经验可知,气水交替驱比直接注气或者注水有优势,具体表现为:减少气体指进、推迟超覆、降低混相压力、节约成本等[85-88]。

完整的气水交替周期是指分别注入气相和水相段塞。由于注入单一气体会有波及效率不高的问题,为了增大波及效率采用气水交替驱技术。随着实践经验的积累及认识的深入,利用注入气体如 CO_2、天然气、油田采出气、N_2 等,可以在保持储层压力的同时提高原油采收率,如今气水交替驱成为有效的、可实现的提高采收率的方法[89-95]。

另外,近年来的研究指出 CO_2 与地层水、储层岩石之间发生一系列物化反应,导致地层流体、注入流体及地层的物化性质发生改变,致使部分岩石颗粒溶解或产生新的沉淀,改变油气流动的孔隙结构,从而影响储层及油气的渗流能力[95-99]。

7.2 气水交替开发数学模型

7.2.1 多组分模型的假设条件

在油气藏中,流体及岩石满足如下条件。

(1)储层内存在的油、气、水三相流体的流动均符合达西渗流规律,且渗流过程是等温过程。

(2)岩石微可压缩,具有各相异性特征。

(3)油气体系存在 N_c 个固定烃类拟组分,能较为准确地反映油气流体间的相平衡和相间传质。

(4)水组分具有独立的相态，它不参与油、气之间的传质。

(5)油气在渗流过程中的相平衡是瞬间完成的。

7.2.2　多组分数学模型

1. 油、气、水三相达西方程

油、气、水三相均符合达西定律：

$$V_l = \frac{K_{rl}}{\mu_l} K \nabla \phi_l \, (l = \mathrm{o, g, w}) \tag{7-1}$$

式中，V_1 为速度矢量。

$$\phi_l = p_l - \gamma_l D \tag{7-2}$$

式中，D 为海拔，m。

$$\boldsymbol{K} = \begin{pmatrix} K_x & 0 & 0 \\ 0 & K_y & 0 \\ 0 & 0 & K_z \end{pmatrix} \tag{7-3}$$

式中，K_x、K_y、K_z 分别为渗透率在 x、y、z 方向上的分量。

2. 摩尔数守恒方程

在任意微小单元体内，每一个固定组分 m 的摩尔数守恒。

(1)单元时间 Δt 内，单元体内某一个固定组分 m 的物质的量变化为 M_1：

$$M_1 = V_{\mathrm{b}} \left\{ \left[\phi(\rho_{\mathrm{o}} S_{\mathrm{o}} + \rho_{\mathrm{g}} S_{\mathrm{g}}) Z_m \right]_{t+\Delta t} - \left[\phi(\rho_{\mathrm{o}} S_{\mathrm{o}} + \rho_{\mathrm{g}} S_{\mathrm{g}}) Z_m \right]_t \right\} \tag{7-4}$$

(2)在单元时间 Δt 内，注入单元体内某一个固定组分 m 的物质的量为 M_2：

$$M_2 = q_m \Delta t$$

(3)在单元时间 Δt 内，随着气、油相流出单元体外的某一个固定组分 m 的物质的量为 M_3：

$$M_3 = -\Delta t \left\{ \begin{aligned} & \Delta y \Delta z \left[\left(\rho_{\mathrm{g}} Y_m \frac{K_{\mathrm{rg}}}{\mu_{\mathrm{g}}} K_x \frac{\partial \varPhi_{\mathrm{g}}}{\partial X} \right) + \left(\rho_{\mathrm{o}} X_m \frac{K_{\mathrm{ro}}}{\mu_{\mathrm{o}}} K_x \frac{\partial \varPhi_{\mathrm{o}}}{\partial X} \right) \right]_{x+\Delta x} \\ & + \Delta x \Delta z \left[\left(\rho_{\mathrm{g}} Y_m \frac{K_{\mathrm{rg}}}{\mu_{\mathrm{g}}} K_y \frac{\partial \varPhi_{\mathrm{g}}}{\partial Y} \right) + \left(\rho_{\mathrm{o}} X_m \frac{K_{\mathrm{ro}}}{\mu_{\mathrm{o}}} K_y \frac{\partial \varPhi_{\mathrm{o}}}{\partial Y} \right) \right]_{y+\Delta y} \\ & + \Delta x \Delta y \left[\left(\rho_{\mathrm{g}} Y_m \frac{K_{\mathrm{rg}}}{\mu_{\mathrm{g}}} K_z \frac{\partial \varPhi_{\mathrm{g}}}{\partial Z} \right) + \left(\rho_{\mathrm{o}} X_m \frac{K_{\mathrm{ro}}}{\mu_{\mathrm{o}}} K_z \frac{\partial \varPhi_{\mathrm{o}}}{\partial Z} \right) \right]_{z+\Delta z} \end{aligned} \right\} \tag{7-5}$$

(4) 在单元时间 Δt 内，随着油、气两相流入单元体内的某一个固定组分 m 的物质的量为 M_4：

$$
M_4 = -\Delta t \left\{
\begin{aligned}
& \Delta y \Delta z \left[\left(\rho_g Y_m \frac{K_{rg}}{\mu_g} K_x \frac{\partial \Phi_g}{\partial X} \right) + \left(\rho_o X_m \frac{K_{ro}}{\mu_o} K_x \frac{\partial \Phi_o}{\partial X} \right) \right]_x \\
& + \Delta x \Delta z \left[\left(\rho_g Y_m \frac{K_{rg}}{\mu_g} K_y \frac{\partial \Phi_g}{\partial Y} \right) + \left(\rho_o X_m \frac{K_{ro}}{\mu_o} K_y \frac{\partial \Phi_o}{\partial Y} \right) \right]_y \\
& + \Delta x \Delta y \left[\left(\rho_g Y_m \frac{K_{rg}}{\mu_g} K_z \frac{\partial \Phi_g}{\partial Z} \right) + \left(\rho_o X_m \frac{K_{ro}}{\mu_o} K_z \frac{\partial \Phi_o}{\partial Z} \right) \right]_z
\end{aligned}
\right\}
\tag{7-6}
$$

(5) 根据物质的量守恒有

$$
M_1 = M_2 + M_4 - M_3
$$

使 $\Delta x, \Delta y, \Delta z, \Delta t \to 0$，取微分，得到某一组分 m 的连续性偏微分方程：

$$
\begin{aligned}
& \frac{\partial}{\partial X} \left(\rho_g Y_m \frac{K_{rg}}{\mu_g} K_x \frac{\partial \Phi_g}{\partial X} + \rho_o X_m \frac{K_{ro}}{\mu_o} K_x \frac{\partial \Phi_o}{\partial X} \right) \\
& + \frac{\partial}{\partial Y} \left(\rho_g Y_m \frac{K_{rg}}{\mu_g} K_x \frac{\partial \Phi_g}{\partial Y} + \rho_o X_m \frac{K_{ro}}{\mu_o} K_x \frac{\partial \Phi_o}{\partial Y} \right) \\
& + \frac{\partial}{\partial Z} \left(\rho_g Y_m \frac{K_{rg}}{\mu_g} K_x \frac{\partial \Phi_g}{\partial Z} + \rho_o X_m \frac{K_{ro}}{\mu_o} K_x \frac{\partial \Phi_o}{\partial Z} \right) + \frac{q_m}{V_b} = \frac{\partial}{\partial_t} \left[\phi \left(\rho_o S_o + \rho_g S_g \right) Z_m \right]
\end{aligned}
\tag{7-7}
$$

3. 连续性微分方程组

通过类似的方法，可以得到 $N_c{-}1$ 个组分的连续性微分方程、总烃组分方程和水连续性微分方程。

水连续性微分方程：

$$
\nabla \left(\frac{K_{rw}}{\mu_w} \rho_w K \nabla \Phi_w \right) + \frac{q_w}{V_b} = \frac{\partial}{\partial_t} \left(\phi \rho_w S_w \right)
\tag{7-8}
$$

$N_c{-}1$ 个组分的连续性微分方程：

$$
\nabla \left(\frac{K_w}{\mu_o} \rho_o X_m K \nabla \Phi_w + \frac{K_{rg}}{\mu_g} \rho_g Y_m K \nabla \Phi_g \right) + \frac{q_w}{V_b} = \frac{\partial}{\partial_t} \left[\phi \left(\rho_o S_o + \rho_g S_g \right) Z_m \right]
\tag{7-9}
$$

$$
(m = 1, 2, \cdots, N_c - 1)
$$

总烃组分方程：

$$\nabla\left(\frac{K_{\mathrm{ro}}}{\mu_{\mathrm{o}}}\rho_{\mathrm{o}}K\nabla\varPhi_{\mathrm{o}}+\frac{K_{\mathrm{rg}}}{\mu_{\mathrm{g}}}\rho_{\mathrm{g}}K\nabla\varPhi_{\mathrm{g}}\right)+\frac{q_{\mathrm{T}}}{V_{\mathrm{b}}}=\frac{\partial}{\partial_{t}}\left[\phi\left(\rho_{\mathrm{o}}S_{\mathrm{o}}+\rho_{\mathrm{g}}S_{\mathrm{g}}\right)\right] \qquad (7\text{-}10)$$

其中，

$$q_{\mathrm{T}}=\sum_{m-1}^{N_{\mathrm{c}}}q_{\mathrm{m}}$$

式(7-4)～式(7-9)中，K 为渗透率，μm^2；K_{ro}、K_{rg}、K_{rw} 为油、气、水的相对渗透率；$\varPhi$ 为势，kg/cm^2；ϕ 为孔隙度；S 为饱和度；γ 为重度，g/cm^3；q 为摩尔产量，mol/s；X 为液相组成；Y 为气相组成；Z 为总组成；μ 为黏度，$mPa·s$；ρ 为摩尔密度，mol/cm^3；V_{b} 为单元体积，cm^3；p 为压力，kg/cm^2；下标 m 为某一组成；下标 T 表示总组成；下标 x、y、z 为坐标方向；下标 o、g、w 为油相、气相、水相。

4. 辅助方程

(1)毛细管力、相对渗透率方程：

$$p_{\mathrm{g}}=p_{\mathrm{o}}+p_{\mathrm{cog}}\left(S_{\mathrm{g}},\sigma_{\mathrm{og}}\right)$$

$$p_{\mathrm{w}}=p_{\mathrm{o}}-p_{\mathrm{cwo}}\left(S_{\mathrm{g}}\right)$$

$$K_{\mathrm{ro}}=K_{\mathrm{ro}}\left(S_{\mathrm{w}},S_{\mathrm{g}},\sigma_{\mathrm{og}}\right)$$

$$K_{\mathrm{rg}}=K_{\mathrm{rg}}\left(S_{\mathrm{w}},S_{\mathrm{g}},\sigma_{\mathrm{og}}\right)$$

$$K_{\mathrm{rw}}=K_{\mathrm{rw}}\left(S_{\mathrm{w}},S_{\mathrm{g}}\right)$$

式中，p_{cog} 为油气之间的毛细管力，Pa；p_{cwo} 为油水之间的毛细管力，Pa；σ_{og} 为油气界面张力，N/m；S_{w} 为含水饱和度；S_{g} 为含油饱和度。

(2)状态方程：

$$\phi=\phi^{*}\left[1.0+C_{\mathrm{r}}(p_{\mathrm{r}}-p_{\mathrm{r}}^{*})\right]$$

$$p=p^{*}\left[1.0+C_{\mathrm{w}}(p_{\mathrm{w}}-p_{\mathrm{w}}^{*})\right]$$

$$\mu_{\mathrm{w}}=\mu_{\mathrm{w}}^{*}$$

$$\rho_o = \rho_o(p, T, X_m) \quad (m=1, 2, 3, \cdots, N_c-1)$$

$$\rho_g = \rho_g(p, T, X_m) \quad (m=1, 2, 3, \cdots, N_c-1)$$

$$\mu_o = \mu_o(p, T, X_m) \quad (m=1, 2, 3, \cdots, N_c-1)$$

$$\mu_g = \mu_g(p, T, X_m) \quad (m=1, 2, 3, \cdots, N_c-1)$$

$$\gamma_l = p_l M_l / 1000 \quad (l=o, g, w)$$

式中，C_r 为孔隙度压缩系数，Pa^{-1}；p_r 为孔隙压力，Pa；p_w 为水相压力；M 为平均摩尔质量，g/mol；上标*为标准状态。

(3)平衡方程：

$$f_m^L = f_m^V$$

(4)约束方程：

$$S_o + S_g + S_w = 1$$

$$L + V = 1.0$$

$$\sum_{m=1}^{N_c} X_m = \sum_{m=1}^{N_c} Y_m = \sum_{m=1}^{N_c} Z_m = 1.0$$

$$Z_m = LX_m + VY_m$$

$$L = \frac{\rho_o S_o}{\rho_o S_o + \rho_g S_g}$$

$$V = \frac{\rho_g S_g}{\rho_o S_o + \rho_g S_g}$$

式中，f 为逸度，atm；L、V 分别为液相、气相摩尔分数；C 为压缩系数，$(kg/cm^2)^{-1}$。

5. 定解条件

(1)油气藏初始条件：

$$p_o\big|_{\Omega+\Gamma}^{t=0} = p_o\big|_{\Omega+\Gamma}^{0}$$

$$S_w\big|_{\Omega+\Gamma}^{t=0} = S_w\big|_{\Omega+\Gamma}^{0}$$

$$S_g\big|_{\Omega+\Gamma}^{t=0} = S_g\big|_{\Omega+\Gamma}^{0}$$

$$Z_m\big|_{\Omega+\Gamma}^{t=0} = Z_m\big|_{\Omega+\Gamma}^{0}$$

式中，上标 0 为初始时刻；下标 Ω、Γ 分别为油气藏的内部区域和边界。

　　(2)边界条件。

　　封闭外边界：

$$\nabla\varPhi_1\big|_{\Gamma外} = 0$$

　　定压外边界：

$$p\big|_{\Gamma外} = p_o$$

　　定井底流压：

$$p\big|_{\Gamma内} = \text{const}$$

　　定产量：

$$f\left(\frac{\partial p}{\partial n}\right)\bigg|_{\Gamma外} = \text{const}$$

式中，const 为常数；Γ内为内边界；Γ外为外边界。

7.3　气水交替影响因素分析

7.3.1　段塞尺寸

　　根据室内物理模拟实验和国内外各大油田的经验，注入气体的段塞尺寸是影响气水交替驱含水率和采收率最主要的因素。在注入气未突破之前，气水交替驱采收率是注入气体段塞尺寸的正函数[100-102]。

　　为了更好地研究注气段塞尺寸对试验区气水交替驱的影响，根据试验区的物理模拟实验和经验，设计段塞尺寸范围在 0~0.15PV，来研究不同注气段塞下试验区的采出程度、含水率等开发指标的变化。

　　设计注气速度 30000m³/d，注入量用 PV 来表示，预测 30 年后的开发指标变化。每个注气段塞的大小为 0.015PV，注气时间为半年，注气后接着按注采平衡注水，注水时间也为半年。不同总注气量按此周期气水注入制度累注。其中阶段采出程度为不同注气情况下在生产时间相同(按最大段塞注气所需时间)条件下的阶段采出程度，累积采出程度为预测 30 年后的采出程度，含水率为预测 30 年后的采收率。

不同注气量条件下的模拟结果见图 7-1 和表 7-1 所示。

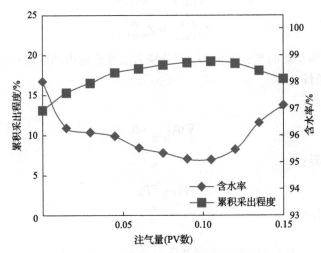

图 7-1　不同注气量条件下的累积采出程度与含水率

表 7-1　不同注气量条件下开发指标

注气量(PV 数)	交替周期	阶段采出程度/%	含水率/%	累积采出程度/%	提高采出程度/%
0	—	8.40	98.01	13.10	—
0.015	1	10.62	96.27	15.32	2.22
0.030	2	11.81	96.11	16.51	3.41
0.045	3	13.10	95.97	17.80	4.70
0.060	4	13.61	95.52	18.31	5.21
0.075	5	14.07	95.33	18.77	5.67
0.090	6	14.38	95.11	19.08	5.98
0.105	7	14.52	95.09	19.22	6.12
0.120	8	14.29	95.46	18.99	5.89
0.135	9	13.37	96.48	18.07	4.97
0.150	10	12.34	97.12	17.04	3.94

通过数值模拟研究结果可以看出(表 7-1)：当油藏注气量小于 0.105PV 时，随着注气量的增加，阶段采出程度和累积采出程度增大，含水率下降；当油藏注气量大于 0.105PV 时，累积采出程度并未随着注气量的增加而增大，反而呈现出下降趋势。说明 203 区块油藏注气量在 0.105PV 时，能取得最好的开发效果。通过采出程度、含水率及提高采出程度值可以看出，为了取得较好的气水交替驱开发效果，203 区块的总注气量应控制在 0.075～0.12PV。

7.3.2　首段塞尺寸

参阅了国内外气水交替驱的经验，发现国内外对段塞尺寸的研究不多，为了研究气水交替驱段塞形式对开发效果的影响，本节针对首段塞和后续段塞的尺寸进行了研究。

设计注气量为 0.105PV，注气速度为 30000m³/d，首段塞尺寸分别为 0PV、0.005PV、0.010PV、0.015PV、0.020PV、0.025PV、0.030PV、0.035PV、0.040PV，后续段塞尺寸固定为 0.01PV，研究首段塞尺寸对开发效果的影响。其中阶段采出程度为不同注气情况下在生产时间相同(按最小首段塞注气所需时间)条件下的阶段采出程度，累积采出程度为预测 30 年后的采出程度，含水率为预测 30 年后的采收率。

数值模拟结果如图 7-2 和表 7-2 所示。

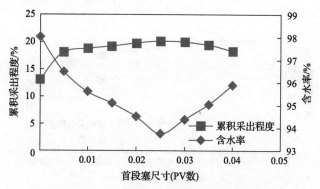

图 7-2　不同首段塞尺寸的累积采出程度与含水率

表 7-2　不同首段塞尺寸的开发指标

首段塞尺寸/PV	阶段采出程度/%	含水率/%	累积采出程度/%	提高采出程度/%
0	8.40	98.01	13.10	—
0.005	13.43	96.48	18.13	5.03
0.010	14.09	95.59	18.79	5.69
0.015	14.52	95.09	19.22	6.12
0.020	15.08	94.51	19.78	6.68
0.025	15.43	93.75	20.13	7.03
0.030	15.29	94.38	19.99	6.89
0.035	14.74	95.03	19.44	6.34
0.040	13.63	95.89	18.33	5.23

通过数值模拟研究结果可以看出：当首段塞尺寸小于 0.025PV 时，随着首段塞尺寸的增大，阶段采出程度和累积采出程度增大，含水率下降；当首段塞尺寸大于 0.025PV 时，阶段采出程度和累积采出程度随着首段塞尺寸的增大而减小，含水率

随着首段塞尺寸的增大而升高。说明 203 区块首段塞尺寸为 0.025PV 时，能取得最好的开发效果。通过采出程度、含水率及提高采出程度值可以看出，为了取得较好的气水交替驱开发效果，203 区块的首段塞尺寸应该控制在 0.02～0.03PV。

7.3.3 后续段塞尺寸

在首段塞尺寸研究的基础上，对后续段塞尺寸的大小展开了研究。设计注气量为 0.105PV，注气速度为 30000m³/d，首段塞尺寸为 0.025PV，后续段塞尺寸分别为 0PV、0.005PV、0.010PV、0.015PV、0.020PV、0.025PV、0.030PV、0.035PV。其中阶段采出程度为不同后续段塞尺寸情况下在生产时间相同(按最小后续段塞注气所需时间)条件下的采出程度，累积采出程度为预测 30 年后的采出程度，含水率为预测 30 年后的采收率。数值模拟结果如图 7-3 和表 7-3 所示。

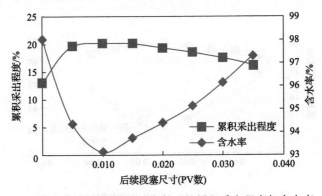

图 7-3　不同后续段塞尺寸条件下的累积采出程度与含水率

表 7-3　不同后续段塞尺寸条件下开发指标

后续段塞尺寸/PV	阶段采出程度/%	含水率/%	累积采出程度/%	提高采出程度/%
0	8.40	98.01	13.10	—
0.005	14.99	94.35	19.69	6.59
0.010	15.51	93.12	20.21	7.11
0.015	15.43	93.75	20.13	7.03
0.020	14.67	94.39	19.37	6.27
0.025	13.86	95.13	18.56	5.46
0.030	12.86	96.14	17.56	4.46
0.035	11.56	97.30	16.26	3.16

通过数值模拟研究结果可以看出：总体上看，在总注入量一定、首段塞尺寸一定的情况下，小尺寸后续段塞比大尺寸后续段塞开发效果好。由开发指标数据可以看出，203 区块后续段塞尺寸为 0.010PV 时，能取得最好的开发效果。通过

采出程度、含水率及提高采出程度值可以看出，为了取得较好的气水交替驱开发效果，203 区块的后续段塞尺寸应控制在 0.005～0.015PV。

7.3.4 气水段塞比

通过调研国内外成功的气水交替驱案例，我们可以看出，注入的气水段塞比对开发效果的影响也是不容忽视的。国内油田通常认为气水段塞比为 1∶1 时较好（主要注入气体为非烃气体），国外(加拿大)注烃气水交替驱开发的气水段塞比为 1∶1～2∶1 较好。为了确定 203 区块稠油油藏气水交替驱注入的气水段塞比对开发效果的影响，对气水段塞比进行了研究。

设计注气量为 0.105PV，注气速度为 30000m³/d，首段塞尺寸为 0.025PV，后续段塞尺寸为 0.01PV。其中阶段采出程度为不同气水段塞比情况下在生产时间相同(按最小气水段塞比注气所需时间)条件下的采出程度，累积采出程度为预测 30 年后的采出程度，含水率为预测 30 年后的采收率。

数值模拟结果如图 7-4 和表 7-4 所示。

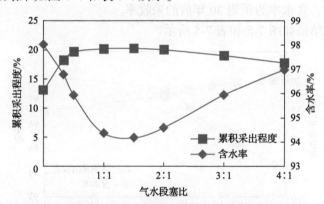

图 7-4 不同气水段塞比条件下的累积采出程度与含水率

表 7-4 不同气水段塞比条件下开发指标

气水段塞比	阶段采出程度/%	含水率/%	累积采出程度/%	提高采出程度/%
0	8.4	98.01	13.1	—
1∶3	13.48	96.78	18.18	5.08
1∶2	14.95	95.92	19.65	6.55
1∶1	15.48	94.35	20.18	7.08
3∶2	15.53	94.17	20.23	7.13
2∶1	15.31	94.58	20.01	6.91
3∶1	14.31	95.93	19.01	5.91
4∶1	13.04	96.98	17.74	4.64

由数值模拟研究结果表 7-4 可以看出：气水段塞比在 1∶1～2∶1 时，累积采出程度最高，含水率最低。总体上看，当气水段塞比大于 2∶1 时，开发效果随着气水段塞比的增大变差；当气水段塞比小于 1∶1 时，气水段塞比越大，开发效果越好。由开发指标数据可以看出，203 区块气水段塞比为 3∶2 时，能取得最好的开发效果。通过采出程度、含水率以及提高采出程度值可以看出，为了取得较好的气水交替驱开发效果，203 区块的气水段塞比应控制在 1∶1～2∶1。

7.3.5　注气时机

通过前面的研究可以看出，气水交替驱能够显著改善稠油油藏的开发效果。但是注气时机不同，对开发效果的影响较大。为了确定 203 区块稠油油藏气水交替驱的注气时机，对注气时机进行了研究。

本次研究的注气时机用注水量来表示，设计注水量分别为 0PV、0.05PV、0.1PV、0.2PV、0.3PV、0.4PV、0.5PV、1PV，注气量为 0.105PV，注气速度为 30000m^3/d，首段塞尺寸为 0.025PV，后续段塞尺寸为 0.01PV。其中累积采出程度为预测 30 年后的采出程度，含水率为预测 30 年后的采收率。

数值模拟结果如图 7-5 和表 7-5 所示。

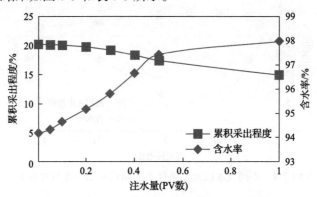

图 7-5　不同注气时机时的累积采出程度与含水率

表 7-5　不同注气时机时的开发指标

注水量(PV 数)	含水率/%	累积采出程度/%	提高采出程度/%
0	94.17	20.23	7.13
0.05	94.31	20.18	7.08
0.1	94.64	20.08	6.98
0.2	95.16	19.78	6.68
0.3	95.81	19.17	6.07
0.4	96.65	18.34	5.24
0.5	97.43	17.39	4.29
1	97.97	15.88	2.78

由数值模拟研究结果表 7-5 可以看出：随着注水量的增大，即注气时间的推移，气水交替驱的效果变差，累积采出程度和提高采出程度值都明显下降，当注水段塞达到 1PV 时，我们可以看到，气水交替驱提高采出程度值仅为 2.78%，含水率也接近水驱的含水率。综合以上研究，针对试验区目前的开采状况，进行气水交替驱应该越早越好。

7.3.6　注气速度

国内外针对气水交替驱注气速度的研究较多。注气速度也是影响气水交替驱效果的一个因素。国内外的研究表明，注气速度没有经验值，各油田由于地质情况的差异，注气速度的最佳范围也相差较大。但是，在注气速度的最佳范围内，各油田都不建议使用过大的注气速度。

为了确定研究区块气水交替驱的最佳注气速度范围，根据试验区的物理模拟实验和经验，设计注气速度范围在 10000～60000m³/d 来研究不同注气速度下试验区的采出程度、含水率等开发指标的变化。

设计注气量为 0.105PV，首段塞尺寸为 0.025PV，后续段塞尺寸为 0.01PV，气水段塞比为 1.5∶1，注气速度分别为 10000m³/d、20000m³/d、30000m³/d、40000m³/d、50000m³/d、60000m³/d，预测时间为 30 年。注气后接着按注采平衡注水，直到预测结束。不同注气速度用时间来控制。其中阶段采出程度为不同注气情况下在生产时间相同（按最小注气速度所需时间）条件下的阶段采出程度，累积采出程度为预测 30 年后的采出程度，含水率为预测 30 年后的含水率。不同注气速度条件下的模拟结果如图 7-6 和表 7-6 所示。

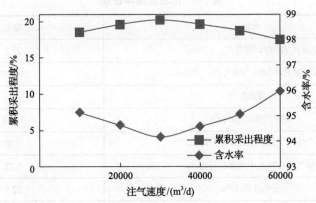

图 7-6　不同注气速度条件下的累积采出程度与含水率

表 7-6　不同注气速度条件下开发指标

注气速度/(m³/d)	阶段采出程度/%	含水率/%	累积采出程度/%	提高采出程度/%
10000	13.84	95.13	18.54	5.44
20000	14.92	94.63	19.62	6.52
30000	15.53	94.17	20.23	7.13
40000	14.95	94.58	19.65	6.55
50000	14.08	95.06	18.78	5.68
60000	12.83	95.97	17.53	4.43

通过图 7-6 和表 7-6 可以看出：当注气速度小于 $30000m^3/d$ 时，随着注气速度的增大，气水交替驱开发效果变好。如果进一步增大注气速度，随着注气速度的增大，开发效果反而会变差。由开发指标数据可以看出，203 区块注气速度为 $30000m^3/d$ 时，能取得最好的开发效果。通过采出程度、含水率及提高采出程度值可以看出，为了取得较好的气水交替驱开发效果，203 区块的注气速度应控制在 $20000\sim40000m^3/d$。

7.4　气水交替驱稠油技术现场应用

7.4.1　试验区地质模型

试验区位于 D203 区块的正中部，包括 4 口转注井和 17 口生产井，其中一口生产井为水平井。试验区有 5 条断层，井网密度较大，无地层缺失，注采井组较为完善，能够代表 D203 区块的地质特征和全区的动态特征。试验区流体性质见表 7-7。

表 7-7　试验区流体性质

参数	数据
油藏压力/MPa(参考点：2750m)	27.5
岩石压缩系数/MPa⁻¹(参考点：2750m)	2.5×10^{-3}
油藏温度/℃	80
溶解气油比/(m³/m³)	17.53
天然气在油相中的摩尔分数/%	0.28
脱气油在油相中的摩尔分数/%	0.72
平均孔隙度/%	22.5
平均渗透率/mD	318
平均含油饱和度/%	64.3

参数	数据
平均黏度/(mPa·s)	355.1
饱和压力/MPa	10.19
孔隙体积/rm³	4.78×10^6
原始地质储量/t	4.5×10^6

7.4.2　开发方案设计

综合以上气水交替驱关键因素的研究，结合试验区的地质情况、井网部署特点和现场工艺情况，参考国内外气水交替驱开发已有的成功经验，对试验区进行了气水交替方案设计并进行了数值模拟研究。

设计了七套实施方案，综合各项优化参数，进行深入的数值模拟研究，确定出最优实施方案。基础方案和七套方案如表 7-8 所示。

表 7-8　试验区方案设计表

编号	方案
0	水驱
1	四口井（D203、D204-19、D3-3、D2-42 井）同时进行气水交替驱
2	D203 井和 D3-3 井先注气；D204-19 和 D2-42 井后注气
3	D203 井和 D2-42 井先注气；D204-19 和 D3-3 井后注气
4	D204-19 井和 D2-42 井先注气；D203 和 D3-3 井后注气
5	D204-19 井和 D3-3 井先注气；D203 和 D2-42 井后注气
6	D3-3 井和 D2-42 井先注气；D203 和 D204-19 井后注气
7	D203 和 D204-19 井先注气；D3-3 和 D2-42 井后注气

为了便于对比，对试验区持续水驱进行了模拟运算，并作为各气水交替方案的基础方案。

1. 持续水驱

为了研究试验区水驱开发动态，并为气水交替驱提供基础方案，对试验区进行了持续水驱预测研究。

持续水驱时，保持目前的油水井工作制度不变，将 D3-3 井作为注水井，其他油井按目前的产液量生产，水井注入量用注采平衡来控制，即注采比为 1∶1，以此做水驱预测研究。

从水驱预测的结果来看，持续水驱时，试验区的各项开发指标都将变差。水驱产油量明显下降，递减很快；含水率上升迅速，三年后即达到80%以上；含水率93%时的采出程度不到14%。如果不改变目前的开发方式，继续水驱，试验区将面临采出程度低、产油量低、含水率高的局面。

2. 方案1

方案1为四口井（D203、D204-19、D3-3和D2-42）同时进行气水交替驱。

设计注气量为0.105PV，首段塞尺寸为0.025PV，后续段塞尺寸为0.01PV，气水比为1.5∶1，注气速度为30000m³/d。生产井以目前的产液量和井底压力生产，预测年份为30年。

3. 方案2

方案2为平行井先注气，即D203井和D3-3井先注气，D204-19井和D2-42井后注气。

设计注气量为0.105PV，首段塞尺寸为0.025PV，后续段塞尺寸为0.01PV，气水比为1.5∶1，注气速度为30000m³/d。D203井和D3-3井按照设计的注入制度先注气，接着D204-19井和D2-42井按照设计的注入制度注气，直到总注入量为0.105PV。生产井以目前的产液量和井底压力生产，预测年份为30年。

4. 方案3

方案3为对角井先注气，即D203井和D2-42井先注气，D204-19井和D3-3井后注气。

设计注气量为0.105PV，首段塞尺寸为0.025PV，后续段塞尺寸为0.01PV，气水比为1.5∶1，注气速度为30000m³/d。D203井和D2-42井按照设计的注入制度先注气，接着D204-19井和D3-3井按照设计的注入制度注气，直到总注入量为0.105PV。生产井以目前的产液量和井底压力生产，预测年份为30年。

5. 方案4

方案4为平行井先注气，即D204-19井和D2-42井先注气，D203井和D3-3井后注气。

设计注气量为0.105PV，首段塞尺寸为0.025PV，后续段塞尺寸为0.01PV，气水比为1.5∶1，注气速度为30000m³/d。D204-19井和D2-42井按照设计的注入制度先注气，接着D203井和D3-3井按照设计的注入制度注气，直到总注入量为0.105PV。生产井以目前的产液量和井底压力生产，预测年份为30年，预测结果如表7-9所示。

表 7-9　方案 4 生产指标预测

年份	年注气量 /10^4m^3	年注水量 /10^4m^3	年产油量 /10^4m^3	年产水量 /10^4m^3	年产气量 /10^4m^3	含水率 /%	采出程度 /%	气油比 (m^3/m^3)
2011	1470	3.49	3.06	3.81	53.77	51.40	5.66	17.72
2012	1212	7.62	5.99	4.28	108.90	36.21	6.93	18.92
2013	1776	6.35	6.89	3.35	144.63	19.71	8.40	33.00
2014	1776	6.91	7.71	2.54	343.51	19.87	10.04	56.32
2015	1776	7.55	7.78	2.47	572.24	27.12	11.69	96.23
2016	1338	9.28	6.71	3.57	661.36	42.23	13.12	88.44
2017	0	11.09	4.31	5.94	207.94	65.66	14.04	26.92
2018	0	10.55	3.08	7.16	90.75	71.59	14.69	26.76
2019	0	10.47	2.90	7.35	73.17	68.47	15.31	24.33
2020	0	10.48	2.78	7.49	67.44	76.68	15.90	24.09
2021	0	10.40	2.21	8.04	53.27	83.57	16.37	24.79
2022	0	10.38	1.80	8.44	44.38	83.14	16.75	24.90
2023	0	10.37	1.61	8.64	40.30	84.36	17.10	25.12
2024	0	10.40	1.64	8.63	40.84	83.31	17.44	24.41
2025	0	10.36	1.52	8.73	37.67	85.75	17.77	25.17
2026	0	10.35	1.29	8.96	32.72	89.53	18.04	27.53
2027	0	10.36	1.13	9.12	31.20	90.93	18.28	27.37
2028	0	10.37	1.11	9.17	29.13	89.84	18.52	26.13
2029	0	10.33	1.10	9.14	28.22	90.81	18.75	26.15
2030	0	10.32	1.00	9.25	25.45	91.60	18.96	25.64
2031	0	10.32	0.92	9.32	23.38	90.80	19.16	25.05
2032	0	10.34	0.89	9.38	22.32	92.58	19.35	25.30
2033	0	10.31	0.90	9.35	22.21	90.34	19.54	24.45
2034	0	10.31	0.86	9.39	21.14	87.38	19.73	23.79
2035	0	10.31	0.85	9.39	20.95	92.08	19.91	24.65
2036	0	10.34	0.93	9.34	22.45	92.47	20.10	24.31
2037	0	10.31	0.87	9.38	20.81	92.08	20.29	24.23
2038	0	10.31	0.85	9.40	20.45	92.85	20.47	24.43
2039	0	10.31	0.84	9.40	20.33	93.36	20.65	24.43

6. 方案 5

方案 5 为对角井先注气，即 D204-19 井和 D3-3 井先注气，D203 井和 D2-42

井后注气。

设计注气量为 0.105PV，首段塞尺寸为 0.025PV，后续段塞尺寸为 0.01PV，气水比为 1.5：1，注气速度为 30000m³/d。D204-19 井和 D3-3 井按照设计的注入制度先注气，接着 D203 井和 D2-42 井按照设计的注入制度注气，直到总注入量为 0.105PV。生产井以目前的产液量和井底压力生产，预测年份为 30 年，预测结果如表 7-10 所示。

表 7-10　方案 5 生产指标预测

年份	年注气量 /10⁴m³	年注水量 /10⁴m³	年产油量 /10⁴m³	年产水量 /10⁴m³	年产气量 /10⁴m³	含水率 /%	采出程度 /%	气油比 (m³/m³)
2011	1470	3.49	2.80	4.07	49.21	56.57	5.58	17.71
2012	1212	7.63	6.11	4.16	110.93	33.90	6.85	18.58
2013	1776	6.37	7.06	3.18	151.09	21.74	8.33	34.76
2014	1776	6.85	8.03	2.22	329.03	19.77	10.01	52.10
2015	1776	7.57	7.44	2.80	551.13	30.90	11.57	95.14
2016	1338	9.13	6.70	3.58	617.73	43.42	12.97	105.02
2017	0	11.31	4.23	6.02	250.06	63.91	13.84	37.29
2018	0	10.62	3.18	7.06	101.67	73.03	14.49	27.61
2019	0	10.47	2.50	7.75	67.16	76.86	15.00	25.83
2020	0	10.47	2.33	7.95	59.11	76.31	15.47	24.76
2021	0	10.42	2.14	8.10	52.82	79.36	15.90	24.14
2022	0	10.40	1.94	8.30	47.54	83.34	16.29	24.85
2023	0	10.38	1.64	8.60	40.76	87.48	16.61	25.20
2024	0	10.40	1.57	8.76	37.42	87.43	16.92	24.95
2025	0	10.37	1.56	8.68	38.56	85.97	17.23	24.73
2026	0	10.38	1.54	8.68	39.39	87.32	17.53	26.83
2027	0	10.39	1.53	8.73	39.68	88.85	17.83	27.65
2028	0	10.40	1.44	8.83	36.93	88.00	18.11	24.94
2029	0	10.36	1.38	8.86	33.80	88.82	18.38	24.32
2030	0	10.34	1.16	9.09	28.15	90.58	18.60	24.40
2031	0	10.34	1.11	9.13	26.86	90.29	18.81	24.16
2032	0	10.36	1.05	9.23	25.15	88.31	19.01	23.90
2033	0	10.33	1.04	9.19	25.45	92.04	19.21	24.33
2034	0	10.32	1.01	9.28	23.30	91.20	19.40	24.06
2035	0	10.33	0.97	9.23	24.22	90.27	19.58	23.59
2036	0	10.34	0.78	9.49	18.86	93.81	19.72	24.26
2037	0	10.31	0.77	9.48	18.52	93.68	19.86	24.19
2038	0	10.31	0.77	9.47	18.56	93.53	20.00	24.17
2039	0	10.31	0.75	9.50	17.99	93.87	20.12	24.11

7. 方案 6

方案 6 为对角井先注气，即 D2-42 井和 D3-3 井先注气，D203 井和 D204-19 井后注气。

设计注气量为 0.105PV，首段塞尺寸为 0.025PV，后续段塞尺寸为 0.01PV，气水比为 1.5∶1，注气速度为 30000m³/d。D2-42 井和 D3-3 井按照设计的注入制度先注气，接着 D203 井和 D204-19 井按照设计的注入制度注气，直到总注入量为 0.105PV。生产井以目前的产液量和井底压力生产，预测年份为 30 年，预测结果如表 7-11 所示。

表 7-11　方案 6 生产指标预测

年份	年注气量 /10⁴m³	年注水量 /10⁴m³	年产油量 /10⁴m³	年产水量 /10⁴m³	年产气量 /10⁴m³	含水率 /%	采出程度 /%	气油比 (m³/m³)
2011	1470	3.49	3.07	3.90	51.97	54.16	5.63	16.65
2012	1212	7.62	5.75	4.63	82.59	34.08	6.83	17.92
2013	1776	6.38	7.06	3.28	131.51	26.06	8.31	32.00
2014	1776	6.82	7.91	2.44	204.91	20.12	9.97	55.32
2015	1776	7.59	7.74	2.61	374.22	28.19	11.59	95.23
2016	1338	8.98	6.63	3.74	288.90	47.51	12.97	87.44
2017	0.00	11.52	4.24	6.11	152.61	69.34	13.85	25.92
2018	0.00	10.76	3.06	7.28	88.48	76.42	14.47	25.76
2019	0.00	10.68	2.78	7.56	71.11	71.26	15.04	23.33
2020	0.00	10.69	2.83	7.54	68.37	70.55	15.62	23.09
2021	0.00	10.63	2.48	7.86	58.92	78.78	16.12	23.79
2022	0.00	10.59	2.04	8.30	47.33	83.41	16.53	23.90
2023	0.00	10.56	1.59	8.75	36.97	84.24	16.84	24.12
2024	0.00	10.59	1.59	8.78	36.03	86.08	17.16	23.41
2025	0.00	10.55	1.49	8.85	33.60	86.60	17.45	24.17
2026	0.00	10.58	1.45	8.91	35.08	84.75	17.73	26.53
2027	0.00	10.57	1.21	9.18	31.00	90.14	17.97	26.37
2028	0.00	10.57	1.19	9.16	28.98	89.93	18.20	25.13
2029	0.00	10.53	1.09	9.26	25.52	90.64	18.40	25.15
2030	0.00	10.53	1.07	9.27	24.70	90.82	18.61	24.64
2031	0.00	10.55	1.00	9.34	22.74	91.21	18.80	24.05
2032	0.00	10.55	0.99	9.38	22.55	89.95	18.99	24.30
2033	0.00	10.52	0.97	9.37	21.94	91.26	19.17	23.45
2034	0.00	10.51	0.96	9.41	20.93	90.94	19.35	22.79

年份	年注气量 /10^4m³	年注水量 /10^4m³	年产油量 /10^4m³	年产水量 /10^4m³	年产气量 /10^4m³	含水率 /%	采出程度 /%	气油比 (m³/m³)
2035	0.00	10.51	0.95	9.39	21.18	90.72	19.53	23.65
2036	0.00	10.54	0.94	9.43	20.77	91.00	19.71	23.31
2037	0.00	10.51	0.92	9.43	19.98	90.92	19.88	23.23
2038	0.00	10.51	0.91	9.38	20.92	91.92	20.05	23.43
2039	0.00	10.50	0.81	9.54	17.35	92.40	20.20	23.43

8. 方案 7

方案 7 为平行井先注气，即 D203 井和 D204-19 井先注气，D3-3 井和 D2-42 井后注气。

设计注气量为 0.105PV，首段塞尺寸为 0.025PV，后续段塞尺寸为 0.01PV，气水比为 1.5∶1，注气速度为 30000m³/d。D203 井和 D204-19 井按照设计的注入制度先注气，接着 D3-3 井和 D2-42 井按照设计的注入制度注气，直到总注入量为 0.105PV。生产井以目前的产液量和井底压力生产，预测年份为 30 年，预测结果如表 7-12 所示。

表 7-12　方案 7 生产指标预测

年份	年注气量 /10^4m³	年注水量 /10^4m³	年产油量 /10^4m³	年产水量 /10^4m³	年产气量 /10^4m³	含水率 /%	采出程度 /%	气油比 (m³/m³)
2011	1470	3.49	3.07	3.80	53.97	54.12	5.66	17.72
2012	1212	7.62	5.75	4.53	104.59	34.05	6.88	18.92
2013	1776	6.38	7.06	3.18	163.51	26.01	8.38	33.00
2014	1776	6.82	7.91	2.34	306.91	20.07	10.07	56.32
2015	1776	7.59	7.74	2.51	576.22	28.13	11.71	96.23
2016	1338	8.98	6.63	3.64	590.90	47.45	13.12	88.44
2017	0.00	11.32	4.24	6.01	254.61	69.28	14.02	26.92
2018	0.00	10.56	3.06	7.18	92.48	76.35	14.68	26.76
2019	0.00	10.48	2.78	7.46	73.11	71.22	15.27	24.33
2020	0.00	10.49	2.83	7.44	70.37	70.49	15.87	24.09
2021	0.00	10.43	2.48	7.76	60.92	78.75	16.40	24.79
2022	0.00	10.39	2.04	8.20	49.33	83.37	16.83	24.90
2023	0.00	10.36	1.59	8.65	38.97	84.18	17.17	25.12
2024	0.00	10.39	1.59	8.68	38.03	86.04	17.51	24.41
2025	0.00	10.35	1.49	8.75	35.60	86.54	17.83	25.17

续表

年份	年注气量 /10⁴m³	年注水量 /10⁴m³	年产油量 /10⁴m³	年产水量 /10⁴m³	年产气量 /10⁴m³	含水率 /%	采出程度 /%	气油比 (m³/m³)
2026	0.00	10.38	1.45	8.81	37.08	84.70	18.14	27.53
2027	0.00	10.37	1.21	9.08	33.00	85.89	18.39	27.37
2028	0.00	10.37	1.19	9.06	30.98	87.88	18.65	26.13
2029	0.00	10.33	1.09	9.16	27.52	88.59	18.88	26.15
2030	0.00	10.33	1.07	9.17	26.70	89.17	19.11	25.64
2031	0.00	10.32	1.00	9.24	24.74	90.16	19.32	25.05
2032	0.00	10.35	0.99	9.28	24.55	90.19	19.53	25.30
2033	0.00	10.32	0.97	9.27	23.94	90.21	19.74	24.45
2034	0.00	10.31	0.96	9.31	22.93	90.45	19.94	23.79
2035	0.00	10.31	0.95	9.29	23.18	90.67	20.14	24.65
2036	0.00	10.34	0.94	9.33	22.77	90.95	20.34	24.31
2037	0.00	10.31	0.92	9.33	21.98	91.82	20.54	24.23
2038	0.00	10.31	0.91	9.28	22.92	91.87	20.74	24.43
2039	0.00	10.30	0.81	9.44	19.35	92.36	20.92	24.43

综合以上七种方案的预测结果，我们可以看出，试验区的注气方向应该选择从西北方向往东南方向，即大体上逆物源方向注气效果较好。同时我们可以看出，四口井同时进行气水交替驱的效果并不比分轮次进行气水交替驱的效果好。各开发方案的效果如表 7-13 所示。

表 7-13　各开发方案开发效果　　　　（单位：%）

编号	方案	采出程度	含水率	提高采收率	备注	开发效果排序
0	水驱	13.81	93.40	—	基础方案	⑦
1	四口井（D203、D204-19、D3-3、D2-42 井）同时进行气水交替驱	20.68	93.56	6.87	四口井同步注气、注水	③
2	D203 井和 D3-3 井先注气；D204-19 井和 D2-42 井后注气	20.92	92.36	7.11	单边井先注气	①
3	D203 井和 D2-42 井先注气；D204-19 井和 D3-3 井后注气	20.86	93.22	7.05	对角井先注气	②
4	D204-19 井和 D2-42 井先注气；D203 井和 D3-3 井后注气	20.65	93.36	6.84	单边井先注气	④
5	D204-19 井和 D3-3 井先注气；D203 井和 D2-42 井后注气	20.12	93.87	6.31	对角井先注气	⑥

编号	方案	采出程度	含水率	提高采收率	备注	开发效果排序
6	D3-3 井和 D2-42 井先注气； D203 井和 D204-19 井后注气	20.20	92.40	6.39	单边井先注气	⑤
7	D203 井和 D204-19 井先注气； D3-3 井和 D2-42 井后注气	20.92	92.36	7.11	单边井先注气	①

综合以上分析，结合现场实际，试验区应该优先考虑方案 2 和方案 7，即 D203 井和 D3-3 井先注气，D204-19 井和 D2-42 井后注气；D203 井和 D204-19 井先注气，D3-3 井和 D2-42 井后注气。

具体做法是：总注气量为 0.105PV，首段塞尺寸为 0.025PV，后续段塞尺寸为 0.01PV，气水比为 1.5：1，注气速度为 30000m³/d。D203 井和 D3-3 井（或 D203 井和 D204-19 井）按照设计的注入制度先注气，接着 D204-19 井和 D2-42 井（或 D3-3 井和 D2-42 井）按照设计的注入制度注气，直到总注入量为 0.105PV。

第8章 微生物驱稠油渗流理论与提高采收率方法

微生物驱油技术也叫作微生物强化采油,是针对二次采油过程中无法实现完全开采的剩余油所使用的一种提高原油采收率的采油技术。这种技术是筛选出微生物,然后将筛选出的微生物或者微生物营养物质等注入油藏,通过微生物的生命活动或者代谢产物的生理特征来提高原油的采收率。本章通过系统的物理模拟研究了微生物的驱油机理,并建立了稠油油藏微生物提高采收率的数学模型,揭示了微生物提高稠油油藏采收率的渗流机理。

8.1 微生物生长代谢对原油的作用

油藏水样中钠、钾、钙、镁等元素充足,满足微生物生长繁殖的最佳代谢范围,不需要再向油藏中补充这类无机盐离子;但油藏环境中氮、磷源极度缺乏,且碳源难以利用,远不能满足微生物的生长需求,是油藏微生物代谢繁殖的限制性营养因子。因此,寻找适于微生物生长的油藏环境,使微生物进行有益的代谢活动,对利用油藏微生物提高原油采收率有重要的意义。

8.1.1 微生物生长规律

在不同的压力和孔隙介质中激活本源微生物,考察混合微生物的生长规律(实验温度 60℃)。图 8-1 显示,常压条件下微生物的生长状态明显好于高压条件下,

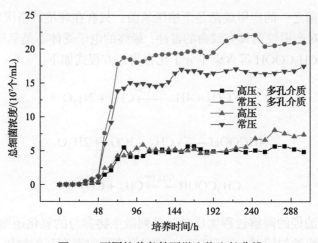

图 8-1 不同培养条件下微生物生长曲线

压力对微生物的生长影响较明显，说明高压培养过程中能适应环境的细菌较少，且相比常压具有滞后性；相同压力下，孔隙介质对微生物的生长有一定的促进作用，但相比常压条件，高压孔隙介质促进微生物生长的作用不明显。

油藏中的微生物大部分在岩石表面或油水界面生长和繁衍，小部分在油藏地层水中活动。研究表明，微生物在岩石表面聚集生长主要由于以下 3 种因素：①岩石本身为微生物提供了营养；②岩石粗糙的表面提供了良好的吸附场所，岩石表面水流冲刷力小，有利于微生物聚集；③岩石上的吸附有机物吸引了具有趋化性的微生物。岩石种类不同，表面附着的物质不同，则岩石表面聚集的微生物的结构、数量也不同。从微生物生长曲线也能看出，油藏本源微生物的生长较缓慢，这与油藏高温、高压、高盐、厌氧和寡营养的极端环境有直接关系[103-105]。

高压条件与常压条件由于培养环境不同，对油藏本源微生物进行选择性培养，所以初期大量增殖的菌种不同，表现出群落结构中的优势菌种不同，并随着时间的推移，优势菌种也会发生变化。因此，压力对不同种类微生物的影响有较大的差异，虽然并不会使微生物无法存活，但仍然对其群落结构有重大影响，必将导致整个微生物体系的代谢方式发生改变。

8.1.2 微生物代谢产物变化

储层中石油烃的生物降解过程通常被认为是好氧微生物的作用。在好氧条件下，石油烃类物质进入微生物细胞体，通过同化作用被降解，是一个复杂的过程。该过程可简单表示为

$$石油烃 + 好氧微生物 + O_2 \longrightarrow CO_2 + H_2O + 细胞体$$

作为古细菌之一的产甲烷菌是严格厌氧菌，只有在环境严格厌氧的情况下才能生存，氧气对产甲烷菌具有致命的毒性，最终的电子受体不是氧气，而是 CO_2、HCOOH 或者 CH_3COOH 等含碳小分子化合物。方程式如下：

$$CO_2 + 4H_2 \xrightarrow{产甲烷菌} CH_4 + 2H_2O$$

$$4HCOOH \xrightarrow{甲烷菌} CH_4 + 3CO_2 + 2H_2O$$

$$CH_3COOH \xrightarrow{甲烷菌} CH_4 + CO_2$$

因此，石油烃的降解过程实质是一系列微生物参与的氧化还原反应[106-112]。微生物在利用原油的同时，还会产生一种对提高采收率有利的物质，即生物表面

活性剂。

生物表面活性剂作为一种天然表面活性剂，主要是由微生物在一定的培养条件下发酵产生的一类代谢产物，是一种集亲水基团和亲油基团于一体的两性化合物。亲油基团一般为长链脂肪酸或 α-烷基、β-羟基脂肪酸，亲水基团可由糖、磷酸、氨基酸、环肽或醇等构成。微生物产生的表面活性剂包括糖脂、磷脂、脂肽及中性类脂衍生物等，它不仅具有降低表面张力、稳定乳化液等特性，还具有无毒性和可自然生物降解等优点。

实验所选择的四种培养条件下菌液表面张力变化如图 8-2 所示，常压、多孔介质条件下培养的菌液表面张力略低于常压、无孔隙介质条件下培养的菌液表面张力，同时，高压、多孔介质条件下培养的菌液表面张力略低于高压、无孔隙介质条件下培养的菌液表面张力。但常压、多孔介质培养条件下，菌液表面张力下降最快，稳定时表面张力最低。由图 8-1 可知，微生物 24～72h 的生长处于对数增长期，代谢旺盛，四种条件下培养的菌液表面张力值迅速下降，到 96h 后，微生物生长缓慢，死亡率逐渐增加，生物表面活性剂产生率下降，菌液表面张力的降低梯度逐渐减小。

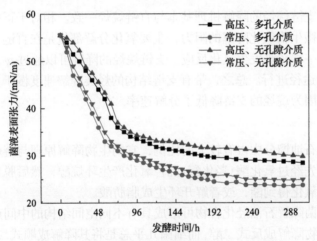

图 8-2　不同培养条件下菌液表面张力变化情况

微生物降解石油烃的规律：直链烷烃＞支链烷烃＞单环芳烃＞环烷烃＞多环芳烃[113-118]。

1) 直链烷烃

通常饱和烃在微生物作用下，直链烷烃首先被氧化成醇，醇在脱氢酶的作用下被氧化成相应的醛，然后通过醛脱氢酶的作用氧化成脂肪酸；氧化途径有末端氧化、双末端氧化和次末端氧化。具体如下。

末端氧化：

$$RCH_2CH_3 \longrightarrow RCH_2CH_2OH \longrightarrow RCH_2CHO \longrightarrow RCH_2COOH$$

双末端氧化：

$$CH_3CH_2RCH_2CH_3 \longrightarrow CH_2OHCH_2RCH_2CH_2OH \longrightarrow$$
$$CHOCH_2RCH_2CHO \longrightarrow COOHCH_2RCH_2COOH$$

次末端氧化：

$$RCH_2CH_3 \longrightarrow RCHOHCH_3 \longrightarrow RCOCH_3 \longrightarrow RCOOH + CO_2$$

转化为相应的脂肪酸后，一种转化形式为直接经历 β-氧化序列，即形成羟基同时脱落两个碳原子；另一种转化形式为脂肪酸先经 ω-羟基化形成 ω-羟基脂肪酸，然后在非专一羟基酶的作用下被氧化成二羟基酸，最后经历 β-氧化序列。脂肪酸通过 β-氧化降解成乙酰辅酶 A，进而进入三羟酸循环，最终分解成 CO_2 和 H_2O 并释放出能量，或进入其他生化过程。

2）支链烷烃

微生物对支链烷烃的降解机理基本与直链烷烃一致。相对于正构烷烃，支链的存在增加了微生物氧化降解的阻力，主要氧化分解部位是在直链上发生的，而且靠近支链的一端较难发生氧化反应。支链烷烃的降解可以通过 α-氧化、ω-氧化或 β-碱基去除途径进行。总之，带有支链结构的烃类降解速度慢于相同碳原子数的直链烃类，因为烷烃的支链降低了分解速率。

3）环烷烃

环烷烃在石油馏分中占有较大的比例，它的生物降解原理与链烷烃的亚末端氧化相似。首先经过氧化酶（羟化酶）混合氧化产生环烷醇，然后脱氢得到相应的酮，再进一步氧化得到酯，或者解开环生成脂肪酸。

细菌和真菌降解石油烃化合物可形成具有不同空间结构的中间产物。真菌可将石油烃化合物降解成反式二醇，而细菌几乎总是将其降解成顺式二醇（许多反式二醇是潜在的致癌物，顺式二醇则无毒性）。

8.1.3　微生物对石油烃的作用

微生物在油藏条件下存活与繁殖是微生物对石油烃作用的关键，微生物的代谢类型及其代谢产物和产量是微生物对石油烃作用最为重要的基础，微生物代谢产物十分复杂，对石油烃作用效果有利的代谢产物类型：气体、生物表面活性剂、生物聚合物、生物酸、有机溶剂等[119-124]。微生物的代谢产物及作用机理见表 8-1。

表 8-1　微生物代谢产物及作用机理

产物	作用机理
微生物菌体	选择性堵塞高渗透层
	附着石油烃的乳化作用
	改善岩石表面润湿性
	原油降解作用
	原油脱硫作用
气体(CO_2、CH_4 等)	增加地层压力
	原油膨胀
	降低原油黏度
	溶蚀碳酸盐，提高渗透率
生物表面活性剂	降低界面张力
	乳化作用
	改变润湿性
生物酸	增大孔隙度和渗透率
	与碳酸盐组分反应生成 CO_2
有机溶剂	溶解于原油中降低原油黏度
	溶解孔喉中的重质组分
生物聚合物	提高驱动相黏度，改善流度比
	选择性堵塞高渗透层

8.2　高温高压微观模型中微生物驱油机理

目前，有关微生物驱油机理的研究多数是常压条件下的宏观描述，对油藏高温高压环境下微生物的驱油机理还尚不明确。本章使用了微观仿真光刻可视模型，利用激活的本源混合微生物，在还原油藏高温高压条件的孔隙介质中，对剩余油的状态及流动机理进行详细研究，进一步揭示微生物在油藏条件下的驱油特征。

8.2.1　实验仪器设备及实验方法

1. 实验仪器

实验所用仪器如表 8-2 所示。

表 8-2　实验所用仪器

名称	厂商
YZ15 蠕动泵	常州普瑞流体技术有限公司
微量驱替泵	岛津企业管理(中国)有限公司
温度控制仪	南通华兴石油仪器有限公司
sartorius BSA1245 电子天平	深圳市衡通伟业科技仪器有限公司
DZF-6020 真空干燥箱	上海德英真空照明设备有限公司
2XZ(S)-2 型旋转片式真空泵	上海德英真空照明设备有限公司
单相双值电容电动机	上海德英真空照明设备有限公司
单筒显微镜	北京视界通仪器有限公司
显微镜	北京视界通仪器有限公司

2. 微观透明仿真模型

实验中所使用的孔隙结构仿真地层模型是透明的二维平面模型。采用光刻工艺技术，将岩心铸体薄片的真实孔隙系统，经过适当的显微放大后精密地光刻到平面光学玻璃上，然后对涂有感光材料的光学玻璃模板进行曝光，用氢氟酸处理曝光后的玻璃模板，再通过烧结成型。在模型的相对两角处分别打孔，模拟注入井和采出井。

微观透明仿真模型具有可视性，一是可直接观察驱油过程；二是具有仿真性，可根据油藏天然岩心的孔隙结构，实现几何形态和驱替过程的仿真。

3. 实验仪器设备

为了研究孔隙介质中微生物对水驱后剩余油的作用机理，我们设计了微观实验装置。在本研究中，由于微生物对压力与温度非常敏感，实验必须在地层条件下完成。为此，我们研制了相应的高温高压微观实验系统。

在实验过程中主要使用玻璃微观模型，为了使模型能够承受住地层条件下的压力和温度，必须有相应的夹持器来控制温度、保持压力，模型夹持器是系统的核心。

实验装置包括以下几部分。

(1)模型夹持器：模型夹持器是微观实验系统的核心。该夹持器的主要作用是为模型提供高压外部环境，以及合适的恒温条件。该装置主要由上、下观察窗和腔体三部分构成，上、下观察窗由耐温耐压玻璃和固定架组成。腔体为模型安装的空间，上面有环压控制孔和泄压孔、测温孔及油浴管线，同时具有玻璃模型的固定接口，以及连接模型的外部管线接口。

　　(2)驱替系统：主要包括一台高压柱塞泵和一个中间容器(内装有按地层油气比配置好的原油)。

　　(3)回压系统：主要包括一台手摇泵和两个中间容器。其中一个中间容器内充满氮气，在整个实验过程中，使系统能长时间处于一种比较平稳的压力下，达到恒压作用；另外一个中间容器内充满液体，手摇泵将液体直接打入模型，出口增压到预定压力，起回压作用。

　　(4)环压系统：主要由一台手摇泵和一个中间容器构成。中间容器中充满透明的自来水，手摇泵将水打进中间容器，将自来水顶替到模型夹持器环空中，使实验模型始终处于比较高的环压控制下，防止模型破裂和泄漏。

　　(5)压力监视系统：有四个压力表、两只传感器和二次仪表组成。用于监测环压压力、回压压力、配制油所在的中间容器中的压力、氮气的压力及实验中模型进出口压力等。

　　(6)图像采集系统：由光源、摄像头、监视器、录像机和采集用计算机组成。用来采集实验过程中的图像数据。

　　该系统可以利用普通玻璃微观实验模型进行压力在 25MPa 以下、压差在 8MPa 以下、温度在 80℃以下的各种微观实验，实验模型的孔隙网络大小为 4.0cm×4.0cm，完全可以完成高温高压条件下微生物对水驱后剩余油作用机理的研究工作。

　　微观实验系统由以下仪器设备组成：日本岛津微量驱替泵、显微镜、图像采集设备及其他容器罐和加压设备等。高温高压微生物驱油机理实验装置及工艺流程图见图 8-3。

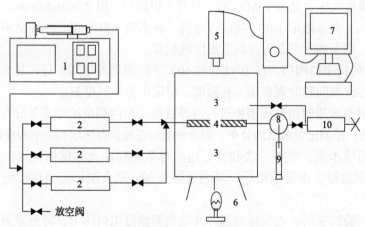

图 8-3　高温高压微生物驱油机理实验装置及工艺流程图

1-微量泵；2-中间容器；3-模型夹持器；4-光刻蚀可视化微观模型；5-显微镜；6-光源；
7-图像采集系统；8-回压阀；9-量筒；10-手摇泵

4. 温高压条件下孔隙介质中微生物驱油机理

(1)实验一次水驱采用地层水+营养物质，后续水驱采用地层水；实验用油为胜利油田脱水脱气原油；实验用菌为地层水培养的本源微生物。

(2)营养剂配方：糖类 0.4%，蛋白粉 0.2%。

(3)对微观模型进行显微镜观察，确定出几个重点区域，以便每次录像时进行对比分析。

(4)将模型夹持器下腔体内加满自来水，保证模型进出口处没有气体的情况下，将模型小心安装到模型夹持器内，该过程中避免下腔体与模型之间出现气泡；模型安装好后，再在上腔体内添加自来水至一定高度，放空状态下缓慢拧紧模型夹持器，保证气泡完全排除后，关闭放空阀。

(5)保证模型夹持器环压出口关闭的状况下，对模型进行 60℃定温加热，环压压力表升高；同时，对模型注入自来水(速度根据环压改变，环压快速升高，速度调快；环压缓慢升高，速度调慢)，随着环压的升高，调整回压阀，以增加注入压力。直到温度达到 60℃，环压稳定。再用手摇泵增加环压和回压，直到模型内部压力达到 10MPa。

(6)向微观模型中注入地层原油，直到出口处无水产生。需要注意，在注入地层原油前，先要将地层原油的中间容器中的压力升高到 10MPa，然后再打开六通阀上入口对应的阀门。

(7)对微观透明仿真模型录像记录原始模型原油饱和情况。

(8)注入微生物：先关闭入口阀门，选择含有微生物及营养物质的地层水作为通路，待微量泵压力显示 10MPa 后，打开入口阀门，以 0.003mL/min 的速度进行微生物注入，并录像记录微生物注入过程，在水驱 1.5PV 后，水驱结束，对其剩余油分布、剩余油形态及标注的重点区域拍照。

(9)关闭进出口阀门，在 10MPa 和 60℃下恒温培养 2 周，每天观察记录剩余油状态。在此期间随时观察压力和温度，保证压力和温度恒定。

(10)对微观透明仿真模型中进行培养后的模型内剩余油形态及分布的原始状态录像记录，拍照记录剩余油分布、剩余油的形态及重点区域剩余油的变化情况。

(11)后续水驱：驱替方法和驱替速度与微生物注入时保持一致，并录像记录后续水驱过程，水驱结束后，对剩余油分布、剩余油形态及标注的重点区域拍照。

(12)实验结束后，先缓慢降温，并适当调整进出口压力，降到室温后观察容器压力，然后缓慢降压，保证环压、进出口压力同时降低。

(13)整理分析实验结果。

5. 孔隙介质内各阶段剩余油量变化定量分析

为得到剩余油量变化的定量数据，采用图像处理技术对其进行分析。图像处理技术主要是利用计算机对图像取样、量化以产生数字图像，对数字图像做各种变换等预处理操作得到清晰有效的图像以方便处理，进而对图像进行分割，在此基础上进行相关渗流参数的计算。对微观渗流图像进行处理的过程包括图像预处理、分割图像以及渗流参数的计算。

实验所获微观渗流图像由显微设备直接拍摄得到，因此图像辨识度很高，只需对图片亮度、饱和度等稍作处理，就可根据计算出的阈值对图片像素进行分割，进而得到渗流参数。通过自编程序根据像素灰度值对图像进行分割，得到油像素所占图像像素的比例。

8.2.2　微生物驱油机理实验

1. 水驱

对饱和油的模型用地层水驱替后剩余油的情况见图 8-4。模型中存在大量的剩

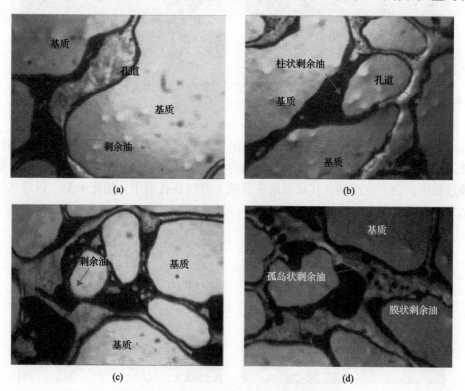

图 8-4　用地层水驱替后模型中剩余油状态

余油，分布在大小孔道内。由于模型孔道绝大部分为亲油型，模型中尤其是小孔道内存在大量的膜状剩余油；大孔道中同时存在大量未被驱动的剩余油；由于模型喉道的挤压、切断作用，在部分大孔道中，存在着较大的孤岛状剩余油；同时，在整块模型中存在着"指进"现象，一部分孔道未被波及，整块柱状剩余油残留在孔道内。

2. 静止观察

60℃、10MPa 条件下，封闭模型观察 7d，剩余油状态见图 8-5。模型中的剩余油与水驱后的剩余油相比没有明显变化，仍然存在大量膜状、柱状及盲端状剩余油。

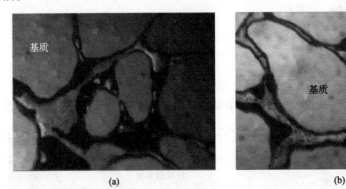

图 8-5　培养观察 7d 后孔隙中剩余油状态

3. 后续水驱

由于水驱存在"指进"现象，未波及的区域在后续水驱时依旧被保留（图 8-6）。波及范围内的孔道中，后续水驱后仍然存在大量的膜状剩余油和簇状剩余油，驱替过程中，会产生油滴，其被吸附在孔壁上残留在孔道中。相比水驱，后续水驱结束，模型中剩余油变化很小。

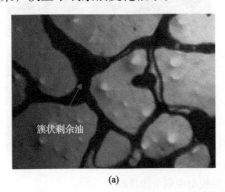
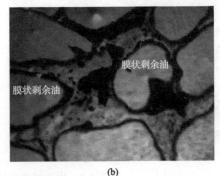

图 8-6　后续水驱孔隙中剩余油状态

4. 微生物对微观模型内剩余油作用机理

对于原油对微生物的分布影响进行实验观察，实验结果见图 8-7 和图 8-8。由图 8-7 可以看出，原油作为碳源，微生物的化学趋向性使微生物逐渐向原油表面富集；微小油水区域，水力冲刷力小，有利于微生物富集；气水表面富集大量微生物，说明培养初期微生物为好氧类型。

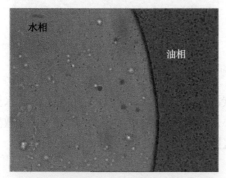

(a) 微生物在水相中均匀分布

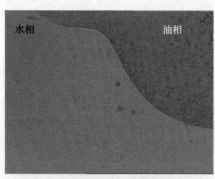

(b) 微生物逐渐向原油表面富集

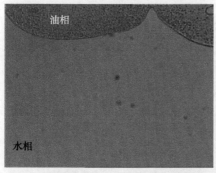

(c) 微小油水区域有利于微生物富集

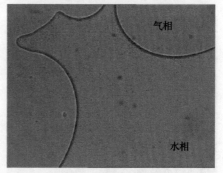

(d) 微生物在水气界面富集

图 8-7　原油对微生物分布影响(第 1d)

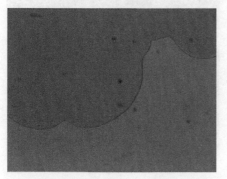

(a) 微生物富集在油水界面，部分进入油相

(b) 微小油水区域微生物大量富集

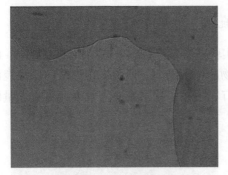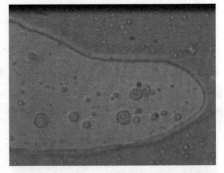

(c) 微生物趋向于油水界面富集   (d) 微生物个体长大, 并出现大量可动小油滴

图 8-8 原油对微生物分布影响(第 2 天)

由图 8-8 可知, 培养第 2 天, 水相碳源逐渐被消耗, 微生物主要存在油水界面处; 微小油水区域, 由于水力冲刷力小, 是微生物的主要富集区域; 由于微生物在油膜表面作用, 部分水相区域出现大量可动微小油滴及微生物团聚体。

1) 注入微生物

注入微生物后剩余油状态见图 8-9, 剩余油主要存在形式如下。

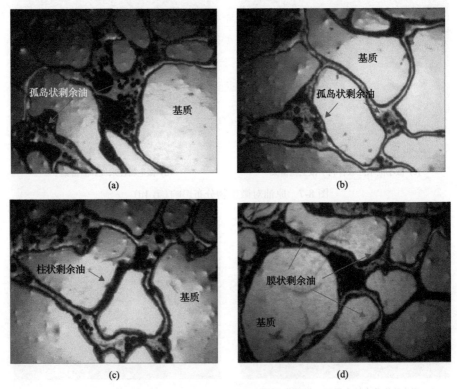

图 8-9 注入微生物后剩余油状态

孤岛状剩余油：由于大部分孔道亲水，原油在孔道中间流动；同时，孔隙介质中存在大量复杂的喉道，使通过原油受到挤压、剪切等作用力，将原油截断，使原油以大小不等的孤岛状存在于较大孔隙中，形成大量的孤岛状剩余油[图 8-9(a)、(b)]，是水驱后剩余油的主要方式之一。

柱状剩余油：在孔隙介质中存在亲油性小孔道，原油以柱状残留在孔道中[图 8-9(c)]。

膜状剩余油：在亲油性大孔道中水沿着孔道推进的过程中，未能把孔道中的原油全部驱替出，孔道基质表面残留一层膜状剩余油[图 8-9(d)]，这部分剩余油比例较小。

2) 常压培养观察微生物产气

高温常压条件下孔隙介质中微生物增殖。由于注入水中存在溶解氧，微生物进行好氧呼吸作用生成 CO_2，在常压下培养的第 3 天，在油水界面处出现大量气泡，微孔道中形成了油、气、水三相。大多数微生物在油水界面上生长、繁殖，代谢产生的 CO_2 依附于原油表面。

微生物产气后，模型孔道中剩余油分布形态的变化见图 8-10。

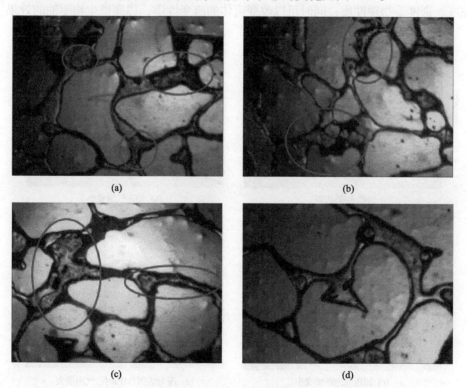

(a)　　　　　　　　　　　　　　(b)

(c)　　　　　　　　　　　　　　(d)

图 8-10　微生物在 60℃、常压下培养 3d 后产生大量气泡

(1) 微生物产生的生物气依附于原油，在孔隙内聚集，占据孔道中心部位，挤压剩余油，使孤岛状和柱状剩余油合并与拉伸，以油膜的形式附着在生物气表面，见图 8-10(a)。

(2) 气泡逐渐膨胀，在小孔道两端，两个气泡不断往中间运移，形成柱状剩余油，见图 8-10(b)。

(3) 气泡继续膨胀，附着周围的油膜与相邻的剩余油接触，形成大面积的可动剩余油，见图 8-10(c)。

(4) 小气泡分散在簇状剩余油中，扩大了剩余油的体积，同时降低了剩余油与孔道表面的附着力，流动性增强，见图 8-10(d)。

3) 加压气泡消失

由图 8-11 可知，微生物培养第 3 天时达到对数增长旺盛时期，随着气泡的增长，达到加压培养的最佳时期。加压见图 8-11，随着压力的升高，油水界面的气泡逐渐减小，在 60℃ 环境下，当压力增加到 7MPa 左右时，CO_2 达到超临界状态（图 8-12），由于形成油包气现象，且根据相似相容原理，CO_2 在油中的溶解度高于在水中的溶解度，气泡消失溶解在原油中。气体溶于原油后，可以显著改变原油的黏度、密度等物理性质；同时可以改变流体的流变性质，提高微生物驱油的效果。

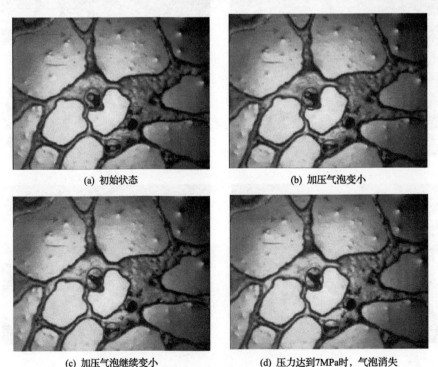

(a) 初始状态　　　　　　　　　　　(b) 加压气泡变小

(c) 加压气泡继续变小　　　　　(d) 压力达到7MPa时，气泡消失

图 8-11　增加压力生物气溶解在油相中

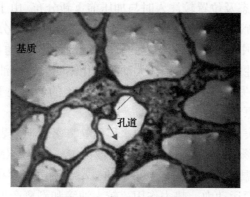

图 8-12　加压小油滴增加

　　加压的同时，由于模型内流体扰动，原油被截断，模型内部大量剩余油以油滴的形式存在。

4) 60℃、10MPa 培养观察

　　在 60℃、10MPa 条件下培养观察，模型内剩余油的状态如图 8-13 所示。

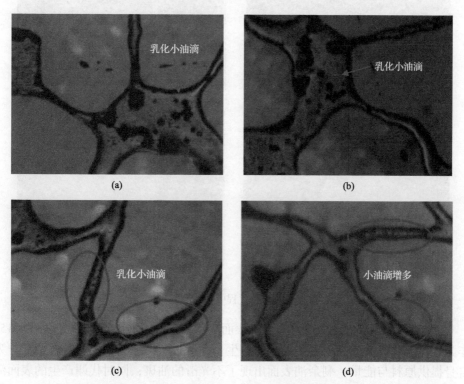

图 8-13　60℃、10MPa 条件下模型内剩余油的状态

(a)和(c)为培养 3d；(b)和(d)为培养 7d

(1)剩余油的形态及位置较注入时与加压前重新分布。由于常压时生物气的挤压作用及加压时的扰动，孔隙中剩余油状态发生变化并重新分布。

(2)不同的孔隙中均出现不同程度的乳化油滴现象，但随着微生物的"啃噬"作用和生物表面活性剂的剥离作用，大油滴变化不明显，小油滴有增加的趋势。

(3)气泡溶解消失。在实验条件下，微生物产生的气体处于超临界状态，观察不到生物气，同时原油黏度降低。

微生物产生的表面活性剂存在于油水界面处，引起一个表面张力梯度，可能导致自发的界面变形和界面运动，这种现象被称作马兰戈尼（Marangoni）对流。如图 8-14 所示，在高温高压培养阶段，生成的微小油滴由于存在 Marangoni 对流作用，加上微生物的搬运动力、热力作用，较大油滴和剥离产生的微小油滴在孔道内处于运动状态。

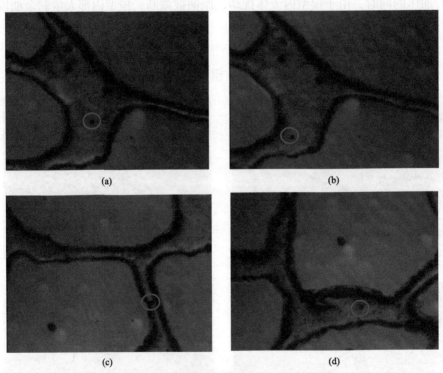

图 8-14　培养观察过程中小油滴的动态变化

随着培养时间的增加孔道中剩余油表面变得不光滑，有小油斑出现，见图 8-15。作为有机碳源，微生物附着于油水界面生长，经过"啃噬"作用，分解原油，为自身提供原料与能量，剩余油表面出现了不光滑的油斑；同时代谢产生的表面活性剂，使水与油形成了超低界面张力，逐渐破坏了剩余油表面坚固的水膜，将小油斑慢慢剥离成自由的小油滴，分散在水相中，反复地进行着这个过程。

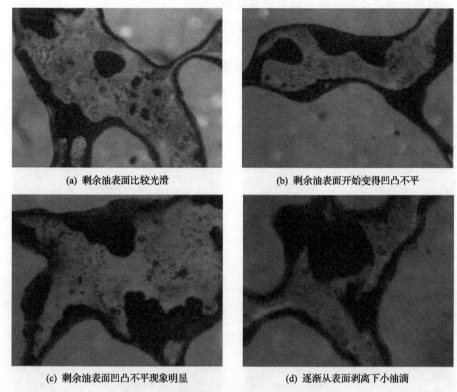

(a) 剩余油表面比较光滑

(b) 剩余油表面开始变得凹凸不平

(c) 剩余油表面凹凸不平现象明显

(d) 逐渐从表面剥离下小油滴

图 8-15 培养过程中剩余油表面的变化情况

随着微生物在孔道中增殖，对原油的作用明显增加，在培养第 3 天时，孔道内出现大量的细小油滴，分散于水相，在孔道内运移，见图 8-16。

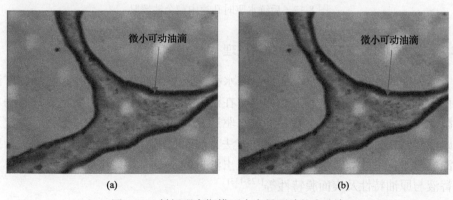

(a)

(b)

图 8-16 封闭观察期模型内大量可动的小油滴

5) 后续水驱

如图 8-17 所示，与注入微生物后对比，后续水驱剩余油的明显特征如下：

(1)剩余油流动性增强，油量显著减少。

(2)大量剩余油以油滴的形式稳定存在。

(3)膜状剩余油减少并变薄。

(4)水的波及系数增大，但仍存在少量未波及的孔道。

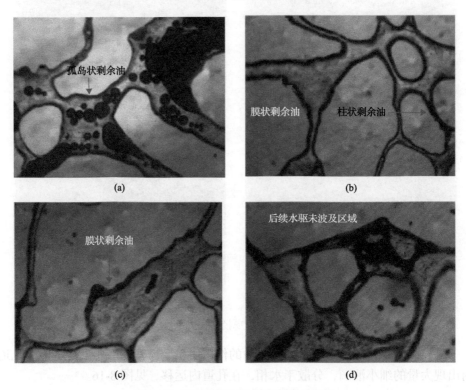

图 8-17　后续水驱时孔道中剩余油情况

8.2.3　微生物对分支盲孔残余油作用机理

油藏地质环境非常复杂，无论是亲水孔隙还是亲油孔隙，盲孔和盲端都广泛存在。盲端一端封闭，没有流动通道，在油藏开采过程中，驱替液体流过瞬间对其波及范围很小。因此，不管是油藏水驱还是其他化学方法驱替，都将有一定量的原油残留在盲端处，我们把用化学方法无法驱替出的孔隙介质中的原油称为残余油。对于盲端孔隙，影响整个孔隙采出油量的主要因素有孔隙形状及其大小、驱替液与原油特性及表面膜特性等[125-133]。

由于液体流过瞬间对盲端原油启动效果很小，且盲端原油减小一定值后，正常液体流动将对残余油无影响。因此，需要寻找一种方法，深入盲端孔隙内部，有效启动盲端处流动液体无法启动的残余油。

本章在 60℃、10MPa 和 80℃、15MPa 条件下，利用以原油为碳源的微生物的化学趋向性，在盲端处注入微生物，微生物趋向于原油表面及盲端表面运动，经过在位繁殖及代谢，逐渐作用于盲端处的残余油。

1）注入微生物后残余油的分布情况

微观水驱油实验结果见图 8-18。注入微生物后，仍有 80%～90% 的原油残留在模型盲端内。由于盲端模型表面亲油，注入水波及不到，并且盲端处残余油一端封闭，形成了极不易流动的盲端形状的残余油，绝大部分原油滞留在盲端内。

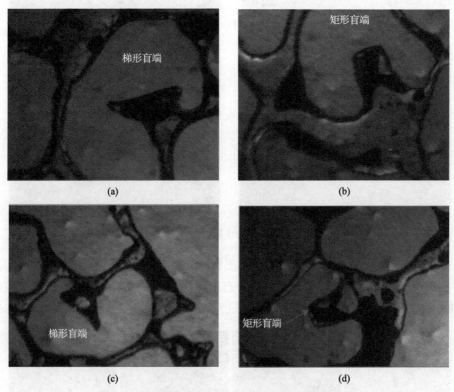

图 8-18　注入微生物后模型盲端孔道内残余油状态
(a) 和 (b) 为注入微生物后；(c) 和 (d) 为水驱后

如图 8-19 所示，注入微生物 3d 时，原油作为碳源提供给微生物，大量微生物附着在油水界面处繁殖，进行有氧代谢，产生的大量的 CO_2 气泡存在于孔隙介质中油水界面处，使模型内压增大，原油受压力位置发生变化，流动性增强。

对产生气泡的模型逐渐增加压力，见图 8-20，气泡被残余油包覆，随着压力的增加，模型中气泡逐渐变小，当压力达到 7MPa 时，CO_2 达到超临界状态，完全溶解于原油中，成为混相。

单纯水驱实验盲端孔隙中经过 3d 的培养，没有气泡生成。

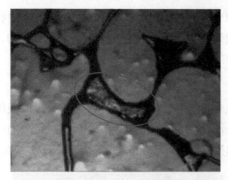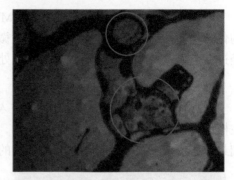

图 8-19　微生物在 60℃、常压下培养 3d 后产生大量气泡

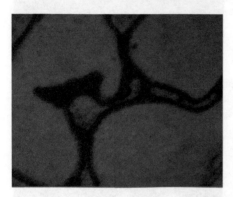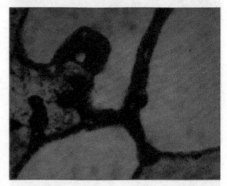

图 8-20　增加压力生物气溶解在油相中

2) 微生物体系对盲端处残余油的作用机理

图 8-21 为 60℃、10MPa 条件下静态培养观察微生物作用于微观盲端中残余油的实验结果。微生物附着在油水界面上生长，逐渐降解原油；微生物产生的生

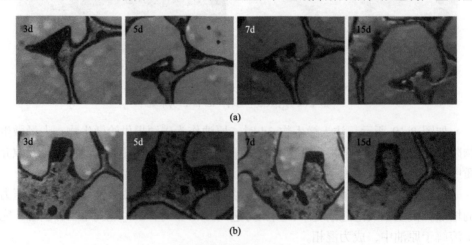

(a)

(b)

图 8-21　60℃、10MPa 条件下盲端孔道 15d 内残余油的状态

物气在实验条件下处于超临界状态，培养期间，随着生物气的产生，直接溶于盲端残余油中，对原油有一定的稀释作用；同时代谢产生生物表面活性剂，破坏了原油的油水界面性质，界面张力降低，导致残余油内聚力下降。三种因素同时作用于盲端残余油，逐渐从大块的残余油表面剥离出大量细小的小油滴，并且因为附着在表面的微生物的运动及孔隙介质中高温条件下的 Marangoni 对流作用、热力搬运作用、高压条件下的扰动作用，细小油滴离开盲端，随机分散在孔隙介质中。而新形成的盲端中油水界面处微生物继续附着、生长代谢[134-139]。随着微生物作用时间延长，盲端中残余油量明显减少，培养观察第 7 天时，微生物累积作用，盲端处残余油减少幅度最明显。单纯水驱实验静止观察结果表明，对于没有加入微生物的模型，培养期内残余油状态没有任何变化。相比较水驱油实验，微生物对残余油的作用效果很显著。

3) 后续水驱后残余油的分布情况

后续水驱后盲端孔道中残余油分布如图 8-22 所示，盲端中只有少量的油被驱出，仍有 30%左右的残余油残留在盲端中。残余油流动性增强，被驱替出主要是由于静态培养时，微生物在界面增殖，产生表面活性剂，反复将界面层残余油剥离，形成游离小油滴。后续水驱时，驱替液沿着主流通道流动，几乎波及不到盲端内部，所以水驱对盲端中的残余油并没有明显的效果。

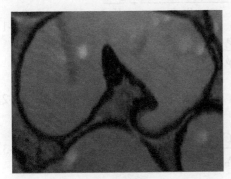 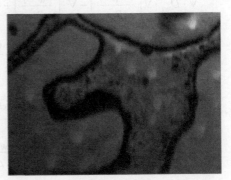

(a) 三角形盲端　　　　　　　　　　　　(b) 长方形盲端

图 8-22　后续水驱后盲端孔道中残余油情况

8.3　微生物采油数学模型

8.3.1　模型基本假设

考虑微生物在驱油过程中的生物行为(生长、死亡、趋化性、吸附、解吸附、营养消耗、产物生成)及增殖原理，本模型做了如下假设。

(1)流体为油、气、水三相。

(2)油、水是微可压缩流体，混合无体积变化。

(3)热力学平衡瞬间建立，推广的达西定律适用于多相系统。

(4)主要考虑菌体及其代谢产物表面活性剂对提高采收率的贡献。

(5)油藏等温。

8.3.2 渗流控制方程

1. 微生物物质平衡方程

注入微生物是从油藏采出水中分离筛选出的高效功能菌种。驱油过程中功能菌经过地面扩大培养后注入油藏中，而内源菌是一个庞大的微生物生态系统，不会因为功能菌的注入而消失，内源菌还会显著增长。这就要求注入的功能菌必须具备较好的油藏适应性。因此，微生物驱油过程中必然涉及多个微生物组分。为体现注入的功能菌与内源菌的相互作用并且能够简化模型，微生物场模型方程中包括注入菌和内源菌2个微生物组分，定量化描述了微生物在多孔介质中的对流、弥散、吸附、生长、死亡等行为的方程：

$$\nabla \cdot D_{wi} \cdot \nabla \left(\frac{\phi S_{w} C_{i}}{B_{w}} \right) - \nabla \cdot \left(\frac{u_{w} C_{i}}{B_{w}} \right) + \frac{\phi S_{w}(u_{gi} - u_{di}) C_{i}}{B_{w}} + \frac{Q C_{i}}{V_{b}}$$

$$= \frac{\partial}{\partial t} \left(\frac{\phi S_{w} C_{i}}{B_{w}} \right) + \frac{\phi S_{w} k_{ci} C_{i}}{B_{w}} - k_{yi} \rho_{bi} \varphi_{i} \left(\frac{\varphi_{i}}{\phi} \right)^{h_{i}} \quad (i = 1, 2) \quad (8\text{-}1)$$

$$u_{i} = u_{w} + u_{ci} \quad (i = 1, 2) \tag{8-2}$$

$$\frac{\partial \varphi_{i}}{\partial t} = \left(u_{gi} - u_{di} \right) \varphi_{i} + k_{ci} \frac{\phi S_{w} C_{i}}{B_{w} \rho_{bi}} - k_{yi} \varphi_{i} \left(\frac{\varphi_{i}}{\phi} \right)^{h_{i}} \quad (i = 1, 2) \tag{8-3}$$

$$u_{ci} = k_{mi} \nabla \ln C_{3} \quad (i = 1, 2) \tag{8-4}$$

式(8-1)~式(8-2)中，t 为时间；$i=1$ 为功能菌，$i=2$ 为内源菌；D_{wi} 为 i 组分的对流扩散系数，m^2/d；ϕ 为孔隙度；S_{w} 为含水饱和度；C_{i} 为水相中 i 组分浓度，mg/mL；B_{w} 为地层水体积系数；u_{w} 为水相渗流速度，m/d；u_{gi} 为微生物比生长速率，d^{-1}；u_{di} 为微生物比死亡速率，d^{-1}；Q 为源汇项，$(kg/m^3)/d$；V_{b} 为井组控制体积，m^3；k_{ci} 为微生物吸附常数，d^{-1}；k_{yi} 为微生物解吸附常数，d^{-1}；ρ_{bi} 为细菌的密度，kg/m^{-3}；φ_{i} 为吸附微生物所占孔隙体积分数；h_{i} 为解吸附参数；u_{ci} 为趋向性速率，m/d；k_{mi} 为化学趋向性系数；C_{3} 为营养物质浓度。

2. 营养物和产物物质平衡方程

$$\nabla \cdot D_{wi} \cdot \nabla \left(\frac{\phi S_w C_i}{B_w} \right) - \nabla \cdot \left(\frac{u_{gi} C_i}{B_w} \right) + \frac{\phi S_w}{B_w} R_i + \frac{Q C_i}{V_b} = \frac{\partial}{\partial t} \left(\frac{\phi S_w C_i}{B_w} + \phi C_i' \right) \quad (i = 3,4) \ (8\text{-}5)$$

$$C_i' = \min \left(C_{i,\max}', \frac{a_i C_i}{1 + b_i C_i} \right) \quad (i = 3,4) \tag{8-6}$$

式 (8-5) 和式 (8-6) 中，$i = 3$ 为营养物质，$i = 4$ 为代谢产物；R_i 为反应速率；a_i、b_i 为组分 i 的吸附常数，mL/mg；C_i' 为吸附浓度，mg/mL；$C_{i,\max}'$ 为最大吸附浓度，mg/mL。

3. 反应动力学方程

1) 微生物生长速率方程

微生物驱反应动力学方程中常用的生长速率方程为莫诺 (Monod) 模型。由于油藏中缺乏微生物生长所需的全部营养物质，内源微生物通常处于休眠状态，当功能菌和营养物质一起注入油藏后，内源微生物和功能菌同时竞争营养。在竞争营养的过程中，一种菌株的相关中间产物或副产物会促进 (或抑制) 另一种菌株的生长，而 Monod 模型并不能体现这些过程。因此，本研究通过引入无量纲交互因子定量化表征了乳化功能菌与内源微生物间的竞争机制，修正的微生物生长动力学方程：

$$u_{g1} = \frac{\alpha_{12} u_{m1} C_3}{\beta_{12} k_{s1} + C_3} \tag{8-7}$$

$$u_{g2} = \frac{\alpha_{21} u_{m2} C_3}{\beta_{21} k_{s2} + C_3} \tag{8-8}$$

式 (8-7) 和式 (8-8) 中，u_{g1}、u_{g2} 为最大比生长速率，d^{-1}；u_{m1}、u_{m2} 为微生物的最大比生长速率，d^{-1}；k_{s1}、k_{s2} 为半饱和常数，g/L；α_{12}、α_{21}、β_{12}、β_{21} 均为模型系数；C_3 为营养物质浓度，mg/mL。

当两菌生长处于共生关系时，$\alpha_{12} > 1$，$\alpha_{21} > 1$，$\beta_{12} < 1$，$\beta_{21} < 1$；当两菌生长处于抑制关系时，$\alpha_{12} < 1$，$\alpha_{21} < 1$，$\beta_{12} > 1$，$\beta_{21} > 1$；当两菌生长处于互不干涉时，即常用的 Monod 模型，$\alpha_{12} = \alpha_{21} = \beta_{12} = \beta_{21} = 1$。

2) 营养物消耗速率方程

$$r_3 = \sum_{i=1}^{2} \frac{1}{Y_i} u_i + \sum_{i=1}^{2} m_{si} \tag{8-9}$$

3) 产物生成速率方程

$$r_i = \sum_{j=1}^{2} \lambda_{ij} C_j + \sum_{j=1}^{2} \eta_{ij} \frac{dC_j}{dt} \quad (i = 4,5) \tag{8-10}$$

式(8-9)和式(8-10)中，Y_i为菌体得率，即消耗单位营养物所产生的细菌量，mg/mg；u_i为微生物的生长速率，d^{-1}；m_{si}为菌体维持因子，即微生物维持生长所消耗的营养物，mg/(mg·d)；λ_{ij}为代谢产物得率，表示产物随微生物变化率的浓度变化量，mg/mg；C_j为产物质量浓度，mg/mL；η_{ij}为菌体维持生命时代谢产物的生成速率，mg/(mg/d)。

4. 初始条件和边界条件

数学模型包含两个微生物组分，对于模型的初始条件，内源微生物具有一个初始浓度且后续并不注入该组分微生物。

8.3.3　微生物驱增产渗流特征方程

微生物采油主要作用机理是微生物对岩石、流体及其渗流规律的改变，针对这些作用机理，综合考虑菌体本身及其代谢产物的作用，见表8-3。

表 8-3　微生物及主要代谢产物作用机理模型

产物的类型	模型中考虑
生物体	作为单独组分
	微生物浓度—原油黏度(降解)
	微生物浓度—绝对渗透率(阻力系数)
生物表面活性剂	作为单独组分
	表面活性剂—界面张力
	界面张力—毛细管力
	毛细管力、协同因子—残余油饱和度
	残余油饱和度—相对渗透率

1. 绝对渗透率变化

由于实际油藏的非均质性，微生物菌体在岩石表面的吸附滞留会造成多孔介质局部渗透率下降。当多孔介质的孔喉被堵塞时，孔隙度的变化可能不显著，但渗透率会大大降低。引入一个流动效率系数 F 进行修正，它主要由孔喉直径分布双峰函数决定。

$$\phi' = \phi - \sum_{k=1}^{2} \phi_i \quad (i = 1, 2) \tag{8-11}$$

$$\frac{K'}{K_0} = F \cdot \left(\frac{\phi_0}{\phi'}\right)^3 \tag{8-12}$$

式(8-11)和式(8-12)中，ϕ_0 为初始孔隙度；ϕ' 为当前时刻的孔隙度；ϕ_i 为微生物生长后的孔隙度；K_0 为初始渗透率；K' 为当前时刻的渗透率。

2. 黏度变化

在微生物采油过程中，微生物及其代谢产物都会对原油黏度产生影响，对原油黏度产生影响的主要有微生物自身代谢降解、表面活性剂对原油的乳化降黏，水相黏度主要受注入营养体系的影响，这些变化规律可以通过微生物与原油的发酵实验确定。黏度变化关系式：

$$\mu_o' = \mu_{o0}(C_1, \ C_2) \tag{8-13}$$

$$\mu_w' = \mu_{w0}(C_3) \tag{8-14}$$

式(8-13)和式(8-14)中，C_1、C_2 分别为两种微生物浓度，mg/mL；C_3 为营养物质浓度，mg/mL；μ_{o0}、μ_{w0} 分别为油和水的初始黏度，mPa·s；μ_o'、μ_w' 分别为油和水在当前时刻的黏度，mPa·s。

3. 相对渗透率变化

微生物培养过程中，除了能使润湿性、界面张力等物性参数发生改变外，在低速搅拌情况下能发生强于化学表面活性剂的乳化作用，降低残余油饱和度，最终导致相对渗透率发生变化。为了综合体现界面张力、润湿性及乳化的协同作用，按照协同作用降低残余油考虑，引用协同因子对残余油饱和度方程进行修正。

$$n_c = \frac{|\mu_w u_o|}{\sigma_{wo}} \tag{8-15}$$

$$f(n_c) = \left(\frac{n_{\text{base}}}{bn_c}\right)^{\frac{1}{n}} \tag{8-16}$$

$$S_{or}' = f(N_c)S_{or} \tag{8-17}$$

$$K_{rw} = f(n_c)K_{rw(low)} + [1 - f(n_c)]K_{rw(high)} \tag{8-18}$$

$$K_{ro} = f(n_c)K_{ro(low)} + [1 - f(n_c)]K_{ro(high)} \tag{8-19}$$

式(8-15)～式(8-19)中，n_c 为毛细管数，无因次；S'_{or} 为在毛细管数 n_c 下的残余油饱和度；$f(n_c)$ 为插值函数，其取值范围为 0(高毛细管数)～1(低毛细管数)；K_{rw}、K_{ro} 为水相、油相相对渗透率；$K_{rw(low)}$、$K_{ro(low)}$ 为低毛细管数下的水相、油相相对渗透率，无因次；$K_{rw(high)}$、$K_{ro(high)}$ 为高毛细管数下的水相、油相相对渗透率，无因次；n_{base} 为基础毛细管数；b 为实验参数，由实验测得；S_{or} 为残余油饱和度。

8.4　微生物驱稠油现场应用

8.4.1　试验区块开采概况

G 油田 69 断块于 1984 年完钻，1987 年该断块进入全面开发，1988 年 5 月开始注水。生产特征表现为初期原油产量较高，但递减较快，注水后很快见水，含水率急剧上升，采油速度下降，近年来保持低水平稳产，到 1999 年 3 月平均单井日产油量 6.0t，综合含水率 91.62%，采出程度 21.3%。

8.4.2　微生物调驱效果预测

1. 段塞浓度不同对采出程度的影响

模拟计算结果(表 8-4)表明，注入不同微生物浓度对微生物驱油的效果有直接影响，浓度高要比浓度低好，对 69 断块选择方案 1，即菌种浓度 6.0%较好，其结果为注入母液 3d，然后注 6.0%菌种浓度 60d，再水驱，5 年可比水驱提高采出程度 8.423%。同等用量下，比注入 5.0%菌种浓度段塞的采出程度高 0.5%，比注入 4.0%菌种浓度段塞的采出程度高 0.958%。由此看出，高菌种浓度注入效果好。

表 8-4　段塞浓度不同对采出程度的影响

方案	母液注入时间/d	菌种浓度/%	注入段塞时间/d	到 5 年时采出程度/%
1	3	6.0	60	17.099
2	3	5.0	72	16.599
3	3	4.0	90	16.141

2. 段塞尺寸大小对驱油效果的影响

计算结果表明，微生物驱油存在最佳段塞，对于注入 6.0%菌种浓度 90d 时采出程度较高(表 8-5)；注 5.0%菌种浓度 144d 时驱油效果较佳(表 8-6)；注 4.0%菌种浓度 360d 时驱油效果较佳(表 8-7)。有母液注入，在不同段塞浓度下与不同段塞大小比较可以看出高浓度比低浓度的驱油效果要好。同一浓度下，较小段塞驱油效果变差，见表 8-8。

表 8-5 段塞尺寸大小对采出程度的影响(菌种浓度 6.0%)

方案	菌种浓度/%	注入段塞时间/d	到 5 年时采出程度/%
4	6.0	60	16.954
5	6.0	90	17.243
6	6.0	110	16.887
7	6.0	120	16.857
8	6.0	240	16.758
9	6.0	360	16.984

表 8-6 段塞尺寸大小对采出程度的影响(菌种浓度 5.0%)

方案	菌种浓度/%	注入段塞时间/d	到 5 年时采出程度/%
10	5.0	71.2	16.412
11	5.0	108	16.448
12	5.0	132	16.435
13	5.0	144	16.688
14	5.0	288	16.496
15	5.0	432	16.538

表 8-7 段塞尺寸大小对采出程度的影响(菌种浓度 4.0%)

方案	菌种浓度/%	注入段塞时间/d	到 5 年时采出程度/%
16	4.0	90	15.737
17	4.0	120	15.765
18	4.0	165	15.913
19	4.0	180	16.105
20	4.0	360	16.159
21	4.0	540	16.018

表 8-8 段塞尺寸大小对采出程度的影响(菌种浓度 3.0%)

方案	母液注入时间/d	菌种浓度/%	注入段塞时间/d	到 5 年时采出程度/%
1	3	6.0	60	17.099
22	3	6.0	30	16.891
2	3	5.0	72	16.599
23	3	5.0	36	16.514
3	3	4.0	90	16.141
24	3	4.0	45	16.077

3. 段塞结构对驱油效果的影响

模拟结果表明，结构段塞使微生物效能变差，不如单一段塞效果好，见表8-9。

表8-9　段塞浓度、结构对驱油效果的影响

方案	母液注入时间/d	菌种浓度/%	注入段塞时间/d	到3年时采出程度/%
1	3	6.0	60	12.292
2	3	5.0	72	11.884
3	3	4.0	90	11.543
25	3	6.0/3.0	30/30	11.425

4. 营养剂注入对微生物驱油效果的影响

当微生物主要以石油为营养物时，后续注入营养液不利于微生物发挥驱油效率，先调剖再进行微生物驱效果较好。后续注入营养液使微生物驱油效果变差。预注入营养液对微生物发挥驱油效能作用不大。由此可以看出，后续注入营养液不可取，只有驱替过程中同时注入营养液为好（表8-10、表8-11）。

表8-10　营养液的注入对驱油效果的影响

方案	段塞结构	到3年时采出程度/%
26	预先注营养液＋微生物驱	12.363
27	预先注营养液＋微生物驱、后续注营养液	12.162
28	先调剖，预先注营养液＋微生物驱、后续注营养液	12.596

表8-11　营养液的注入对微生物段塞结构驱油效果的影响

方案	段塞结构	到3年时采出程度/%
29	预先注营养液＋微生物阶梯段塞	11.574
30	预先注营养液＋微生物阶梯段塞、后续营养液	11.120
31	先调剖＋预先注营养液＋微生物阶梯段塞、后续营养液	11.962

5. 微生物驱油效果分析

大量模拟计算结果表明，微生物驱油可以明显提高原油的采收率，到2004年3月微生物段塞驱采出程度为17.098%，调剖＋水驱采出程度为9.806%，水驱采出程度为8.675%。微生物驱比水驱采出程度高8.423个百分点。由此看出，微生物驱油在69断块实施是可行的（表8-12）。

表 8-12　微生物驱、调剖+水驱、水驱对比

方案	形式	到 3 年时采出程度/%
1	微生物驱	17.098
32	调剖 + 水驱	9.806
33	水驱	8.675

第9章 水驱普通稠油转开发方式提高采收率方法

稠油油田油水黏度比大，普通稠油油田注水容易形成单层突进、指进型水窜现象，造成油井见水快，含水率上升快，油田稳产难度大。层间干扰日趋严重，影响储量动用程度和油层生产能力。鉴于此，本章主要介绍了几种高含水率普通稠油油藏转开发方式提高采收率方法，包括水驱普通稠油转热力采油、转热水驱采油、转聚合物驱采油的实践措施与效果，为该类油田后续提高采收率技术的应用提供现场经验。

9.1 水驱普通稠油转热力采油实践

世界稠油油田开发经验表明，地下原油黏度为 200~1000mPa·s，高渗透性油藏注水开发的最终采收率只有 15%~18%，但是蒸汽驱的最终采收率可达到 50%~60%。Z21 断块热采前，水驱井网条件下采收率 16.6%，水驱效率低，对于 Z21 这样的稠油油田热力法仍然是获得高采收率最主要的手段[140]。

9.1.1 热力采油机理

Z21 断块注水开发将近 20 年，注水后期转注蒸汽开采在国内尚属首次，从油层地质条件及试采吞吐动态等综合分析，认为注蒸汽开采是可行的[141,142]。

1)油层地质条件适应性好

Z21 断块油层内部构造完整，油层厚度较大，平均有效厚度 12.7m，油层井段比较集中，有利于提高注蒸汽热效率；油层条件下原油黏度仅 95mPa·s，属常规稠油，温度加热至 200℃，黏度降至 4mPa·s；主力油层为 G3，物性较好，渗透率近 1000×10⁻³μm²；综合分析油层地质条件，认为注蒸汽开采适应性好。

2)注蒸汽吞吐试采已取得较好效果

自 1992 年始，在 Z21 断块西部原油黏度相对较大的 4 口井(21-7-12 井、9-13 井、11-15 井、11-19 井)中进行了注蒸汽吞吐试采，4 口井注蒸汽后都见到了明显的增产效果。4 口井注蒸汽前按常规方法不能生产，注蒸汽后峰值日产油量达到 13.2t，早期平均单井日产油量 8~10t。至 1995 年 7 月，平均单井周期产油量 3683t，油汽比 1.45(t/t)。4 口热采试采井的成功，也预示了在 Z21 断块注水后期注蒸汽开采是可行的。

3) 水驱后剩余油饱和度仍较高

Z21 断块油层虽注水开发将近 20 年但采出程度不高，至 1994 年底仅采出 12.56%，平均剩余油饱和度仍大于 50%，剩余油饱和度大于 55% 的区域占全区面积的 1/3。较高的剩余油饱和度为注蒸汽开采提供了物质基础。

4) 各小层边水影响不大

完钻的密闭取心井资料表明：主力油层目前仍未见到边水，仅 g35、g42 小层有局部边水存在；水驱开采数模拟合后计算至 1994 年 12 月底，油层累积水侵量仅为 20×10^4t 左右，说明各小层的边水能量有限，这将有利于提高注蒸汽开采效果。

5) 注水开采期油层残留水将是注蒸汽开采的最大不利因素

Z21 断块至 1994 年底已累积注水 548×10^4t，采水 376×10^4t，有 172×10^4t 注入水残留于油层中，占整个油层体积的 14%。由于水的热容远远大于油及岩石的热容，这将严重影响注蒸汽开采效果。同时，4 口注蒸汽吞吐试采井动态反映出，由于油层存水较多，吞吐后油井含水率很高，影响了吞吐开采效果。

9.1.2　热力采油措施

1. 井网调整

在剩余油分布规律研究的基础上，Z21 断块根据水驱非主流线上剩余油较富集的特点，将注水开发阶段采用的 150×300m 行列式注采井网在非主流线上加密成井距为 150×150m 的行列式热采井网。井网调整阶段，老水井继续注水，保持油藏压力。井网加密后，为满足注蒸汽热采提高采收率试验要求，先停注水井，尽量排出地下存水量，以提高注汽热效率。井位部署充分利用现有老井减少工作量。加密井点位于剩余油饱和度相对较高的位置，保证加密井生产效果。同时利用已完钻老井进行压力及温度监测，不另行钻新的观察井。

2. 停注减少水侵

由于前期注水开发，转热采井吞吐效果不同于完全纯蒸汽吞吐，而是受水侵影响较大，初期和中期边底水与注入水的侵入起着驱油和携带油的作用，往往使开采效果变好；后期边底水和注入水的大量侵入降低了采油速度，并影响了油层的动用程度，从而降低了最终采收率。因此，水侵对蒸汽吞吐效果的影响有利也有弊。治理水侵，对于改善水驱转热采开发效果有非常重要的意义。

根据不同部位水侵方式及对稠油开发效果的影响，采取了不同的水侵治理方法。

一是利用边底水能量延长油井生产周期，提高油汽比。在吞吐初期和中期，一定程度的水侵可以补充油层能量、提高供液能力，延长油井周期生产时间，使周期产油量增加、回采水率上升。边部井初期水驱效果好，则利用边水能量，提高泵的举升能力，加深下泵深度，充分利用边水驱油和携油作用，延长油井生产周期。

二是停注常规注水井，减少注入水水侵。

三是优选热采高含水井，实施高温堵水。在注蒸汽开采过程中，水的导热能力是油的6～7倍，热量易向高含水区扩散；同时储层的强非均质性，必然导致蒸汽沿高渗透带突进，大大降低蒸汽有效波及面积，从而影响蒸汽吞吐开采效益。随着高轮次吞吐井的增多，边底水水侵严重，油井含水率上升速度快，影响了蒸汽吞吐效果。为此，根据河流相沉积特点及热采区水侵状况，优先选择受注入水和边水影响的高含水热采井及非均质性较严重的热采井，实施高温堵水或氮气调剖，有效封堵高渗透带。

四是采取纵向避底措施，抑制边底水水侵。随着吞吐轮次的增多，水侵影响日益严重，热采区油层水淹厚度不断增加。为抑制底水锥进，根据加密调整、更新完善新井底部水淹状况，确定了如下射孔原则：若射孔底界与油水界面间有3m以上的隔层，则总避射厚度在5m以上即可；若射孔底界与油水界面无隔层或隔层较薄，则在保证有一定射开厚度(有效厚度大于5m)的情况下，避射厚度越大越好。

9.1.3　热力采油认识

1. 转热力采油效果分析

Z21断块采用活动锅炉和固定锅炉进行蒸汽吞吐，注水井在1995年和1996年分两批全部停注，Z21断块吞吐热采全面展开。1997年年产油达到10.25万t，比热采前翻了一倍，综合含水率徘徊在80%左右，单元采收率达到25.2%，提高8.6个百分点。蒸汽吞吐开发生产6年零7个月，阶段产油量58.7×10⁴t，累积注汽量17.8×10⁴t，注汽产油量34.9×10⁴t，阶段采出程度6.77%，平均采油速度为1.03%，蒸汽吞吐效果较好。蒸汽吞吐延长了低含水期的生产时间，增加了低含水期的产油量。

1) 吞吐见效幅度受水驱程度影响

受油层地质条件及周围水驱开发区的影响，吞吐井生产效果平面上也存在较大差异，总体表现为中部好、边部差。东部井受水驱开发区的影响，吞吐井含水率较高；西部井由于原水驱控制程度较差，剩余油饱和度大，吞吐效果较好；一些边部井由于油层厚度较小，生产效果较差。

2) 吞吐见效期限受水侵程度影响

随着投产井数的增加，Z21断块生产效果越来越好。但随着地层压降加大，热采吞吐稳产周期不断缩短，周期油汽比下降，单井日产液量大幅下降。热采井第一周期到第三周期平均生产天数分别为 260d、255d、176d，平均油汽比分别为 1.3、0.8、0.4，平均单井产液量仅为停注前单井产液量的四分之一。

2. 热力采油吞吐的局限性

注水井停注后，地层能量下降快，产量递减加大，老井停产井增多，作业难度大，产量递减明显加大。

产能下降。水井停注后，蒸汽吞吐无法实质性补充地层能量，因此地层压力下降速度快，导致产液指数降低，单井产液量明显下降。例如，Z21 断块 1994 年水井停注前地层压降为 1.52MPa，产液指数为 29.53t/(MPa·d)，但是，自 1995 年 7 月水井停注以来，地层压降幅度迅速加大，截至 2004 年 1 月，已达到 5.86MPa，地层压力为原始地层压力的一半，产液指数下降到 4.51t/(MPa·d)。单井日产液量则由 103t 下降到 32.6t。自东向西油井的动液面呈下降趋势，西部油井平均液面已达到 877.3m，沉没度只有 176.9m。

井况变坏。Z21 断块进行蒸汽吞吐试验前已投入开发 20 年，仅发现 13 口套变井，而吞吐热采开发阶段新增套变井 30 口。年套变速度由试验前的 0.41 口/a 上升到 5 口/a，提高十倍多。套变井平面上主要分布在单元中西部地层压降大的区域，套变位置主要发生在油层部位，分析原因主要是水井停注，地层压降大，地层压力场急剧变化，特别是常规完井的老井，油层部位套管井深结构被破坏，引起套变井增加，整个区块的综合效率较低。

效果变差。Z21 断块 1999 年以来共有 10 口井进行热采转注，其中 7 口井在转注的第一个月油井动液面恢复到 672m，而第二个月就迅速下降到 963m，油井日产液能力也有所下降，地层压力水平低导致转注效果不理想。

成本升高。Z21 断块 1995 年进行热采试验以来，生产效果差，造成作业费用迅速增加。1997 年由于热采井比较多，作业费用上升到 1203.94 万元，吨油作业成本为 109.6 元。热采井平均吨油作业成本 94.4 元，比非热采井增加 67.1 元，热采井开采成本升高，经济效益差。

9.2　水驱普通稠油转热水驱油实践

许多油田开发实践包括 Z21 断块油藏开发经验都表明：随着循环轮次的增加，含水率上升，产油量下降，地层压力下降。Z21 断块若继续注蒸汽吞吐，开发效果差。同时，蒸汽吞吐使套管损坏增多，严重影响区块产量。从某种程度来讲，蒸汽吞吐属于消耗性开采，长期作为一种开发方法是难以维持的，蒸汽吞吐何时转型、如何转型是当前比较重要的开发调整决策[143,144]。

　　在蒸汽吞吐油藏或区块具体实施热水驱的较少，相关报道多以室内实验和数值模拟研究为主，因此开展好 Z21 断块热水驱先导，对今后稠油开发、热水驱的应用具有非常重要的意义。

9.2.1　热水驱机理

　　热水驱是一种热水和冷水非混相驱替原油的驱替过程。注热水比注常规水能够更好地提高黏性原油采收率的原因主要是提高地层温度、降低原油黏度。从驱替方位看，在注热水时，热水总是从油层底部附近潜入的，即使油层顶部渗透率比底部大 5 倍也还是如此。热水驱当温度增加时，常常由于水和油的密度差增大，重力分离严重。有些实验指出，注入 0.59PV 的热水后，断面所示被加热的油层只有 30%左右。而且被加热区内的平均温升远低于注水井处温升。同时，油层中大部分热量是在原油被置换掉的区带内。

　　热水驱过程中，注入热水的前沿热量损失很快，使前沿温度很快达到初始地层温度。因此，在驱替前缘的前沿，油的流动性等于未受热原油的流动性。注入的热水黏度比常规注水的要低，因此，注热水时比较容易导致水早期突破。热水温度越高，水突破越早。相反地，热水驱过程中，当油被加热时黏度降低和体积增大会提高原油的驱替。注热水时受热区内部由于原油黏度下降，流体的流度比常规注水要有利，这使受热区内部的驱替效率提高。研究表明，随着热水注入速度的增加，采收率增加。当热水注入速度相同时，热水注入量越大，采收率增大值越大。而且对于非均质地层，常规水驱存在严重指进现象的稠油油田转热水驱采收率有望得到较大的改善。

9.2.2　热水驱措施

　　1. 分区开发策略

　　Z21 断块构造平缓，对选区影响不大，其中西南部油层厚度较大，叠加有效厚度 10~30m，具有一定的代表性。Z21 断块原油黏度自东向西增加，中西部原油黏度为 1800~2700mPa·s，具有代表性。Z21 断块压降自东向西增大，中西部受东部水驱影响小，井间压力相对平衡，有利于热水驱。Z21 断块采出程度中部高、边部低，热水区选在中西部，采出程度(19.9%)接近单元平均值，具有代表性。

　　根据油层物性、原油流体性质及油层动用状况，建议 Z21 断块采用以下三种方式开发：一是 5 排以东因原油黏度较低，采出程度较高，采用常规水驱方式开发，即 1 排、5 排老水井恢复注水，3 排老油井适时转注，形成南北向行列式注采井网。二是 5 排以西因原油黏度较高，采出程度较低，采用注热水驱方式开发，即 9 排老水井注热水，7 排老油井转注热水，形成南北向行列式注采井网。三是对 11 排油井、边部零散井采用蒸汽吞吐开采方式。

考虑不同位置水体能量的不同及效果差异，在方案设计过程中，一是坚持充分利用现有井点和井网，二是充分改造利用目前注汽管网，减少地面投资。

2. 温度优化

井底注入温度优化。一般认为热水的最佳注入温度为 96～116℃，故优选 98℃、110℃两个注入温度，注入量为 100t/d 进行温度优选。以注冷水为基准方案，其他两个方案和基准方案进行对比，结果如图 9-1 所示，图中纵轴为净增油量，横轴为注入温度。从图 9-1 中可以看出：注入温度为 98℃的净增油量高于 110℃的净增油量，所以优选 98℃为最优注入温度。

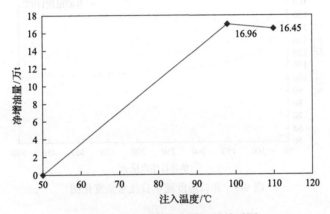

图 9-1　注入温度与净增油量关系图

井底温度稳定性研究。由于井筒周围及近井带地层的温度在注热水初期，温度变化较大，井筒热损失量大，随时间增长，井筒及近井带地层温度不断升高，热损失逐渐降低，因而在井口注水温度和注水速度恒定的情况下，井底温度不断升高，并逐渐趋于稳定。图 9-2 是以 100t/d 的速度注入热水，井口注水温度 150℃

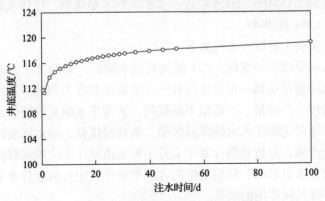

图 9-2　井底温度与注水时间关系图

时，井底温度随注水时间变化曲线。随注水时间增长井底温度逐渐趋于稳定，即井口与井底热水温度差趋于恒定。可以看出，30d 后基本趋于稳定。随着注入量的增加，所需注入温度降低。

井口注入温度优化是指在保持井底温度一定的情况下，注入速度不同，所需的井口温度不同。注入速度恒定时，井口温度也随时间变化。图 9-3 为井底温度保持 98℃和 110℃时，不同单日注水量下所需的井口温度及温度差。结果表明，随着单井日注水量的增加，所需井口注入温度降低。

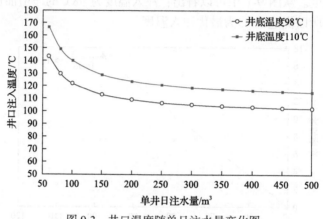

图 9-3　井口温度随单日注水量变化图

9.2.3　热水驱认识

1. 效果分析

2003 年 Z21 断块中西部投注热水开发。在近一年时间内，整体开发形势与前期持平，油井见效井效果不是特别明显；热水驱区域地层压力比之前有所恢复，平均压降恢复到 3.15MPa。2005 年进一步扩大热水驱规模，注热水驱期间采收率 26.6%，提高 1.4%(图 9-4)。

热水驱开采的主要特点表现如下。

综合含水率呈现波动变化。Z21 断块转热水驱后，初期 8 个月时间以注常温污水为主，地层能量得到一定程度的补充，受原油黏度大和地下压力亏空大的影响，注水推进慢，产液量、产油量不断提高，表现出水驱见效特征，注高温热水初期，受近井地带先期注入水的降温作用，驱替温度低，油水流度比大，注入水突进现象比较严重，分析初期含水率上升主要是由原注水阶段或吞吐阶段滞留在生产井附近的存水引起的，后期发生的含水率变化是中心油井含水率上升、边角油井含水率下降共同作用的结果。

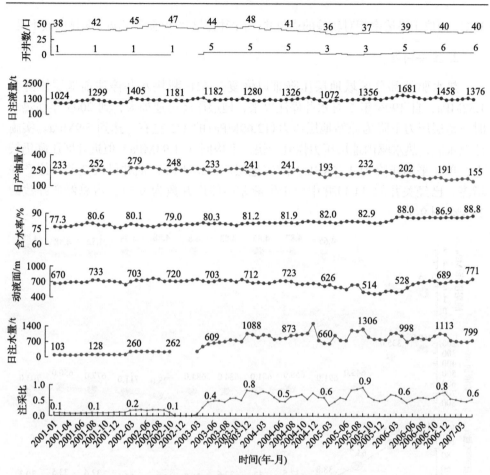

图 9-4　Z21 单元转热水驱开发曲线

边角井受油层发育、储层物性自河道中央向两边降低因素的控制，稠油动用程度低，剩余油相对富集。热水驱后，驱替方式及油水相对渗透特性发生变化，注入水推进速度慢，表现为产液量不断提高，含水率上升速度慢。

注热水后压力恢复较快。注热水一年来，试验区的注采比小于 1，平均为 0.585，油层压力恢复较快，2004 年 9 月所测水井压降资料证实，受注采井网的影响，不同位置的地层压力差异较大，压降为 1.1~6.0MPa。热水驱中心部位地层压力平均为 10.9MPa，压降为 1.79MPa；部分停产井附近的地层压力预计已接近原始地层压力。

平面上热场波及受沉积相带的控制。随着热水驱时间的延续，生产井均在一定程度上见效，但受效程度不均。位于河床亚相带内主流线上的中心油井，处于高渗透方向，离水井近，井口产液温度高，见水早，注水 2~3 个月后动液面明显上升，供液能力增加，表现为液量上升，含水率上升，井口产液温度高出平均值 15~

35℃。而位于渗透率相对较差的边角井，生产情况与吞吐阶段相近，明显供液不足。

2. 主要问题

热水驱外部分区域地层压降难以恢复。Z21 断块水井停注前地层压降为 1.52MPa，自 1996 年 7 月水井停注以来，地层压降迅速加大，到 2003 年注热水时，地层压力下降为原始地层压力（12.69MPa）的 1/2 左右，达到 5.9MPa。实施注热水后，热水驱内地层压力恢复较快，平均回升 1.94MPa，但近井区压降仍较大，单元平均压降为 4.12MPa。随着地层压力的下降，油井供液变差，停产井增多。已经关井的 34 口井中由于供液差而停产井数为 9 口，占总停产井数的 29.4%（图 9-5）。

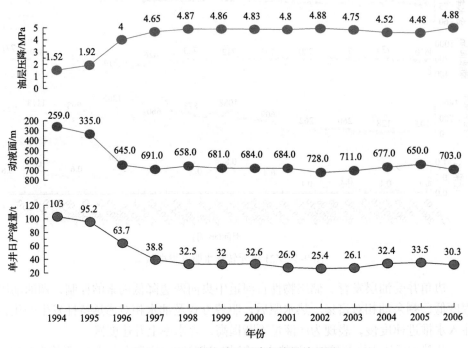

图 9-5　Z21 断块单元压降与液量关系图

套变井增加，套变速度加快。Z21 断块进行蒸汽吞吐试验前已投入开发 20 年，仅发现 13 口套变井，而从 1996 年热采以来到 2004 年 1 月已新增套变井 33 口，其中 1996 年以来投产的新井就有 16 口。年套变速度由试验前的 0.41 口/a 上升到 2006 年的 3.3 口/a，提高 7 倍左右。1997 年套变井数达到 9 口，为历年来最高。套变井平面上主要分布在 Z21 断块中西部地层压降大的区域，套变位置主要发生在油层部位，占 79.7%，由于地层压力下降过快，引起地应力急剧变化，可能是套管井身结构破坏的主要原因。2004～2005 年以修套为主要治理方式，到 2006 年

12 月底，Z21 断块油井利用率只有 55.6%，套变是影响热水驱及 Z21 断块开发效果的重要因素。

热水驱不正常注入，效果逐渐变差。Z21-7 井区 g13 井所测注水井温剖面结果表明(图 9-6)，水井井口温度在 130～140℃时，在目前的管柱及配注条件下能够达到最优井底注入温度 100℃，符合数值模拟优选的温度。但由于热水驱内水井、管柱结垢严重，管线截流严重，注水量下降，同时，除垢过程中影响热水正常注入，导致注水时率降低，统计 2004～2005 年水井注热水开井时率为 87.4%，由于热水、温水交替注入，注入水温度变化较大，不能满足注入要求。

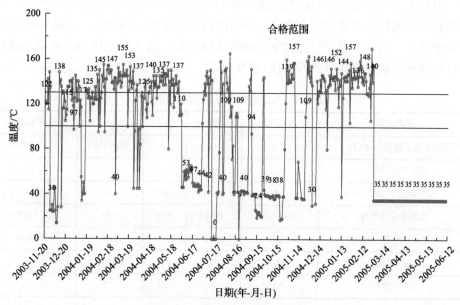

图 9-6　热水驱注入热水的温度变化图

9.3　水驱普通稠油转聚合物驱油实践

Z21 断块经过水驱、吞吐热采、热水驱开发，地下储层、地面配套状况都有不同程度的恶化，面临油藏热采后期管柱堵塞严重、地层能量下降、地层亏空大等各种问题，已不适合转蒸汽驱开发。热水驱作为一种过渡，在地层能量和温度提高到一定程度后，仍具备进一步提高开发水平的物质基础。同时，随着聚合物对油藏适应性的提高，聚合物驱技术界限进一步提高，地下原油黏度由 50mPa·s 扩展到 100mPa·s，油层温度界限由 65℃提高到 80℃，Z21 断块被筛选为聚合物驱潜力上产阵地之一。

9.3.1 转聚合物驱机理

鉴于剩余油分布规律及潜力分析，Z21 断块提高采收率需要恢复地层能量，完善井网，加强井网对储量控制程度，同时根据储层发育实际，优化注水井注水质量，提高地层能量转入化学驱，从而提高单元开发效果。

1. 油藏静态条件分析

聚合物驱主要是通过改善流度比和油藏非均质程度以取得较好的降水增油效果，但是由于受聚合物产品的性能及一些特殊的地质条件和经济方面的限制，不是所有的油藏都能够采用聚合物驱。根据国内外大量的室内试验、EOR 筛选和现场实施结果，制订了适合聚合物驱的油藏筛选指标，将 Z21 断块 Ng3-4 单元油藏条件与邻近区块油藏条件进行对比(表 9-1)。

表 9-1 孤岛各注聚区油藏条件对比

油藏参数	中一区	西区	B61	Z21	筛选标准
地下原油黏度/(mPa·s)	41.3	94	70	40~100	<150
油层有效厚度/m	23.3	19.6	14.8	14	>5
空气渗透率/$10^{-3}\mu m^2$	1024	1520	1470	1280	>50
渗透率变异系数	0.6~0.7	0.74	0.58	0.76	0.52~0.84
地层水矿化度/(mg/L)	7640	6936	5656	6485	<100000
Ca^{2+}、Mg^{2+}含量/(mg/L)	148	141	151	140	<400
地层温度/℃	70	70	70	72	<120

聚合物驱适用的油藏类型为陆相沉积的砂岩油藏，砂体发育连片，不含泥岩或含量非常少，可防止聚合物过多吸附而影响驱油效果；对于具有气顶的油藏，或者地层具有裂缝的油层不能应用聚合物驱，因为注入的聚合物溶液会充填到气顶中，或者沿着裂缝前进造成绕流，而不能在多孔介质的孔隙中流动。Z21 断块 Ng3-4 单元是河流相沉积的砂岩油藏，既无气顶又没有裂缝，适合聚合物驱。

聚合物溶液注入低渗层后，可能会引起两方面的问题，一是低渗引起聚合物溶液注入速度太低，达不到配注要求，影响驱油效果，而且使方案实施时间延长，降低经济效益；二是会在井眼附近出现高剪切带，使聚合物溶液黏度因剪切降解而降低。因此，油层渗透率以大于 50mD 为宜。Z21 断块 Ng3-4 单元油层发育好，平均渗透率为 1280mD，能够保证聚合物溶液顺利注入。

渗透率变异系数是表征地层渗透率非均质程度的一个重要指标。渗透率变异系数小，说明油层均质性好，而均质油层水驱效果较好，不利于发挥聚合物驱的优势。渗透率变异系数越大，说明储层的非均质性越强。但地层非均质过于严重时，聚合物溶液注入地层后起不到很好的调剖作用，将会存在窜流现象，影响驱油效果。适于聚合物驱油藏的变异系数最佳范围为 0.7±0.1，一般范围为 0.52～0.84，Z21 断块 Ng3-4 单元的变异系数为 0.76，处于聚合物驱筛选范围内。

聚合物有一定的温度适应区间，即聚合物的热稳定性区间，在该温度区间内，聚合物的性能比较稳定，而超出该温度区间，聚合物的性能变得较差。高温会对聚合物造成热降解。随温度增加，聚合物溶液的黏度下降很快，聚合物的化学及生物降解加重，影响聚合物驱油效果。聚合物热稳定性较好的温度控制范围在 40℃±10℃，最大范围应小于 120℃，B21 断块 Ng3-4 单元的地层温度为 72℃，处于最大范围以内，符合聚合物驱二类单元的标准。

原油黏度在很大程度上决定了聚合物驱是否可行。原油黏度越高，水驱流度比越大，聚合物对流度比的改善越大。但对于油层原油黏度太高的油藏，聚合物对流度改善的能力是有限的，适合聚合物驱的地下原油黏度的最佳范围在 40～70mPa·s，一般范围可扩展到 10～150mPa·s。B21 断块 Ng3-4 单元的原油黏度为 40～100mPa·s，处于聚合物驱一般范围之内。

与相邻孤岛油田已实施的中一区、西区、B61 相比，Z21 断块 Ng3-4 单元地下原油黏度偏高，因此在选区时，筛选掉原油黏度较高的区域，将注聚区选在原油黏度小于 4000mPa·s 的区域。另外，矿场实施聚合物驱时，选用增黏效果较好的聚合物产品，聚合物溶液第一段塞井口黏度要求大于 35mPa·s，第二段塞井口黏度要求大于 25mPa·s，保证注入聚合物溶液的浓度、黏度及其稳定性。

聚合物具有盐敏性，地层水矿化度越高，聚合物溶液的黏度越低。这是因为无机盐中的阳离子比水具有更强的亲电性，因而它们优先取代了水分子，与聚合物分子链上的羧基形成反离子对，屏蔽了高分子链上的负电荷，使聚合物线团的静电斥力减弱，溶液中的聚合物分子由伸展渐趋于卷曲，致使溶液的黏度下降。因此，地层水矿化度最好控制在 6000mg/L 以下，最大范围不能超过 100000mg/L。Z21 断块 Ng3-4 单元目前产出水矿化度为 6485mg/L，符合聚合物驱的要求。

综合以上分析，Z21 断块 Ng3-4 单元静态地质条件适中，主要指标符合聚合物驱的标准，进行聚合物驱是可行的。但由于原油黏度较高，选区时将注聚区选在原油黏度小于 4000mPa·s 的区域，同时，矿场选用增黏效果较好的聚合物。不利条件是存在边水，选区时考虑边水对聚合物驱的不利影响，选区范围不包括边水区域。

2. 注聚开发条件分析

B21 注聚区对聚合物驱有利的条件是储层发育好、注采强度小、水井注入能力好、综合含水率较低、采出程度低、剩余油潜力大，但是也有以下不利因素。

原油黏度较高。通过对注聚区的选择，筛选掉原油黏度较高的区域（筛选出的注聚区原油黏度小于 3500mPa·s）。另外，选用增黏效果较好的聚合物产品。

地层压降大，油井供液较差。聚合物驱前先完善井网，注水开发一段时间，待地层能量恢复后再实施聚合物驱。

井网井况较差，动态井网不完善。编制水驱综合调整方案，通过油井转注、油水井扶停、侧钻、更新等措施完善井网，提高动态对应率。

平面产液结构不均衡。采取高液量井控制产液量，低液量井提液等措施均衡产液结构。

对以上不利因素，可以通过采取相应措施减小影响、降低风险。因此，注聚前要加大前期油藏准备，改善条件，达到聚合物驱的要求，保证聚合物驱油效果。

9.3.2 转聚合物驱措施

1. 恢复注水

恢复注水主要是利用老井，通过恢复注水完善注采井网，补充地层亏空，提高地层压力水平，为下一步注聚做准备，以此达到改善 Z21 单元开发效果的目的。7 排以东调整区含油面积 2.52km²，有效厚度 13.4m，地质储量 607 万 t。

根据本单元原油黏度自东向西逐渐增大的特点，把黏度值 3000mPa·s 作为界线将该单元划分为 2 个区域采取相应的开发措施：中东部由水驱转热采再到无能量补充的天然能量开采，导致地层能量下降较大，因此，恢复注水的整体调整原则是 1 排、5 排、7 排水井按照反九点法的原则恢复注水，3 排油井按照反九点法的原则转注，西部区域（10～13 排）采取蒸汽吞吐方式开采。

2007 年恢复注水后，地层能量得到有效补充，年产油量上升 1.94 万 t，采收率达到 31.1%，提高 4.5%。同时，与注聚单元 B61 结合部的井网也得到完善，油井都见到较好的降水增油效果，为 Z21 单元下一步注聚提供了有力保障。

2. 注聚前井网完善

Z21 单元在恢复水驱井网的基础上对其进一步完善注采井网，1995 年 8 月全部水井停注后，2003 年开始逐渐恢复注水，使 B21 断块的井网完善程度和注采对应率不断提高。井层注采对应率目前已恢复到 83.1%，厚度对应率 82.5%。Z21 单元近年注汽少，蒸汽吞吐阶段亏空比较大，目前井网完善程度还不够，需要进一步实施一些以扶停产、停注井、打更新完善井为主的调整措施。

通过数值模拟研究，平面剩余油主要富集于注采不完善区域、与西区南区交界处、砂体边部。剩余储量丰度 90×10⁴～150×10⁴t/km²，局部达到 200×10⁴t/km²。平面上各井组采出程度都较低，井组剩余储量大于 50×10⁴t/km² 的有 6 个。小层

Ng33 剩余地质储量较大,占到了总剩余储量的 56.2%,是下一步调整区主要对象;另外小层 Ng35、Ng42 采出程度较低。统计 2000 年以后的 9 口新井,剩余油含油饱和度基本都在 50%~60%,油层剩余油富集,水淹较轻。

Z21 油层厚度 10~15m,各小层的单层厚度不大,多数小层平面分布有限,且具有不同的油水界面,不能独立形成一套井网;且油层井段比较集中,因此使用一套层系开发。

按照“低投入高产出、老井资源利用率最大”的原则,综合考虑油藏的地质特征、剩余油分布状况,进行以“三小一新”流线调整为目的的井网完善,东部采用行列式井网,西部采用反九点复合井网,采用小井距 150m 部署新井。实施过程中,在充分利用老井研究的基础上,油井选用井况好的热采加密井排,局部剩余油富集区域打新井,水井利用单元投产初期的老井排,井况相对差,基本原则是对事故井下入小套管更新注水,局部井位偏的位置侧钻归位,无水井区采用油井转注增加注水井点,先注水开发。调整后单元井层、厚度注采对应率分别增加 10%左右。为扩大注聚受效范围,重新深入研究 Z21 调整区南部砂体发育情况,发现边部井砂体厚,生产情况良好,具有扩边的潜力。进一步分析 Z21 单元主力层 Ng33 的三维地震资料,证实原歼灭线外砂体确实发育。因此,在边部部署新井,注聚储量进一步扩大。

3. 开展聚合物驱

B21 断块注聚合物区含油面积 3.6km^2,石油地质储量 867 万 t。2011 年 1 月设计注聚合物井 28 口,对应油井 62 口,采用清水配制母液、污水稀释注入的方案,两级段塞注入方式。2012 年 8 月投注,2014 年 3 月转第二段塞。

注入水中含有较多的细菌和一定量的氧气,会造成聚合物溶液发生生物降解,影响聚合物的稳定性和驱油效果。因此,方案要求注聚开始前和注聚过程中添加一定浓度的杀菌剂。实施要求如下:①根据室内试验结果,建议使用新鲜甲醛作为杀菌剂;②根据甲醛对聚合物溶液的热稳定性试验结果,设计井口注入甲醛有效浓度 100mg/L;③为了施工方便,在注聚过程中可定期加入,每个月连续注入 10d,浓度仍为 100mg/L(井口);④要求注聚开始前连续注入 15~20d,杀菌剂可在地面流程的任意位置加入,但必须保证井口注入浓度。

根据注入方案优化结果,现场实施采用清水配制母液、污水稀释注入的方案,矿场采用二级段塞的注入方式,注入方式和用量如下:第一段塞,0.10PV×2500mg/L,需注入聚合物干粉 4028t,聚合物溶液 145×10^{4}m^3,连续注入 412d。第二段塞,0.30PV×2200mg/L,需注入聚合物干粉 10632t,聚合物溶液 435×10^{4}m^3,连续注入 1238d。两个段塞合计注入聚合物溶液 580×10^{4}m^3,聚合物干粉 14660t(有效含量为 90%),连续注入时间 1650d。

以扩大 Z21 单元边部井网，提高储量动用程度和整体采收率，增加可采储量为目的，注聚以来，Z21 断块在恢复注水阶段进行南部扩边的基础上，先后进行了井网的北部扩边、东南部扩边及西部扩边，实施热采投产开发，取得了较好效果。

9.3.3　转聚合物驱效果

Z21 注聚区目前处于主体段塞阶段，基于对剩余油及井网完善程度的认识，油井的补孔改层措施潜力很小，主要工作放在井组的注采调配上，中部井区从注入和产出方面不断实施优化调整，结合油井日常的维护，稳定产液量，保证井组合理注入，提高注入质量，保持注聚整体区的稳效。有 59 口井见效，见效率 82.86%。注聚区累积增油 47.78 万 t，平均单井累积增油 8098.3t。

注聚合物后协调注聚合物区整体注采关系，优化注聚合物段塞，实施水井调配、治理易窜井控液的措施，稳定单元产能。17 个月后整体见效，2015 年 11 月达到见效高峰，日产油量由注聚合物前的 253t 上升到 395t，综合含水率由 89.1% 下降到 76.2%，如图 9-7 所示。

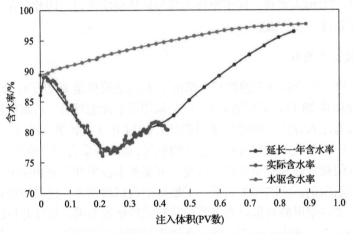

图 9-7　Z21 注聚区数值模拟预测-实际含水率曲线

强化段塞质量，扩大波及体积。选取累积水油比低的区域和有窜聚趋势的高渗透条带发育区实施，实施后油压明显上升。同时进行分区分类治理，促进注聚效果。边水部井区实施区防边水措施，强化注采保证注聚效果。中部井区优化产液结构，进行温和生产，稳效促效。

主体段塞阶段优化注采结构，确保注采均衡。Z21 注聚区经过近 6 年的注聚开发，目前处于主体段塞阶段，开发上从注入和产出方面不断实施优化调整（"调、分、治""提、挖、控"），取得了良好的聚驱增油效果。

　　从注入状况看，项目整体注入比较平稳，注入浓度和注入黏度都保持平稳运行。注聚后地层能量恢复快，油压上升明显，油压分布比较均匀。阻力系数上升，形成的段塞质量良好。

　　注聚项目整体降水增油效果明显，目前项目已过明显见效期，含水率开始回返，但接近数值模拟预测值，为 81.6%。油井见效井多，见效效果好，见效率为79.5%，单井平均累积增油 6826t，项目累增油 36.68 万 t，采收率已提高 4.1%，单元采收率提高到 44.3%。

参 考 文 献

[1] 博贝格. 热力采油工程方法[M]. 北京: 石油工业出版社, 1980.

[2] 帕拉茨, 王弥康. 热力采油[M]. 北京: 石油工业出版社, 1989.

[3] 牛嘉玉, 刘尚奇, 门存贵, 等. 稠油资源地质与开发利用[M]. 北京: 科学出版社, 2002.

[4] 白旭红. 稠油开发地质基础[M]. 北京: 石油工业出版社, 2012.

[5] 霍进. 浅层超稠油蒸汽辅助重力泄油开发理论与实践[M]. 北京: 石油工业出版社, 2014.

[6] 夏庆龙, 沈章洪. 稠油油田储层精细描述技术[M]. 北京: 石油工业出版社, 2010.

[7] Speight J G. Introduction to Enhanced Recovery Methods for Heavy Oil and Tar Sands[M]. Hoston: Gulf Professional Publishing, 2016.

[8] Huc A Y. Heavy Crude Oils: from Geology to Upgrading: An Overview[M]. Paris: Editions Technip, 2010

[9] Briggs P J, Baron P R, Fulleylove R J, et al. Development of heavy-oil reservoirs[J]. Journal of Petroleum Technology, 1988, 40 (2): 206-214.

[10] Hein F J. Heavy oil and oil (tar) sands in North America: an overview & summary of contributions[J]. Natural Resources Research, 2006, 15 (2): 67-84.

[11] Shah A, Fishwick R, Wood J, et al. A review of novel techniques for heavy oil and bitumen extraction and upgrading[J]. Energy & Environmental Science, 2010, 3 (6): 700-714.

[12] 程绍志, 胡常忠, 刘新福. 稠油出砂冷采技术[M]. 北京: 石油工业出版社, 1998.

[13] Speight J G. Heavy and Extra-Heavy Oil Upgrading Technologies[M]. Hoston: Gulf Professional Publishing, 2013.

[14] 胡常忠. 稠油开采技术[M]. 北京: 石油工业出版社, 1998.

[15] 斯贝特. 稠油及油砂提高采收率方法[M]. 北京: 石油工业出版社, 2017.

[16] 蒲春生, 尚朝辉, 吴飞鹏, 等. 薄层疏松砂岩稠油油藏高效注汽热采技术[M]. 北京: 中国石油大学出版社, 2015.

[17] 岳清山. 稠油油藏注蒸汽开发技术[M]. 北京: 石油工业出版社, 1998.

[18] 刘文章. 稠油注蒸汽热采工程[M]. 北京: 石油工业出版社, 1997.

[19] 杨钊. 稠油油藏火烧油层技术原理与应用[M]. 北京: 中国石化出版社, 2015.

[20] 王弥康, 张毅. 火烧油层热力采油[M]. 北京: 石油大学出版社, 1998.

[21] 李向良, 李相远, 杨军, 等. 单6东超稠油黏温及流变特征研究[J]. 油气采收率技术, 2000, 7 (3): 12-14.

[22] 邓英尔, 刘慈群. 具有启动压力梯度的油水两相渗流理论与开发指标计算方法[J]. 石油勘探与开发, 1998, 25 (6): 53-56.

[23] 吴淑红, 邢义良, 张丽华, 等. 一种用于处理宾汉非牛顿稠油渗流的热采模型[J]. 石油大学学报 (自然科学版), 1998, 22 (6): 56-58.

[24] 柯文丽, 喻高明, 周文胜, 等. 稠油非线性渗流启动压力梯度实验研究[J]. 石油钻采工艺, 2016, 38 (3): 341-346.

[25] 姚同玉, 黄延章, 李继山. 孔隙介质中稠油流体非线性渗流方程[J]. 力学学报, 2012, 44 (1): 106-110.

[26] 孙建芳. 胜利郑411区块超稠油单相渗流特征试验研究[J]. 石油钻探技术, 2011, 39 (6): 86-90.

[27] 孙建芳. 胜利油区稠油非达西渗流启动压力梯度研究[J]. 油气地质与采收率, 2010, 17 (6): 74-77.

[28] 汪伟英, 陶杉, 田文涛, 等. 稠油非线性渗流及其对采收率的影响[J]. 石油天然气学报, 2010, 32 (5): 115-117.

[29] 王泊. 多孔介质中稠油的非线性渗流特征实验与分析[J]. 科学技术与工程, 2014, 14 (25): 187-190.

[30] 张代燕, 彭军, 谷艳玲, 等. 稠油油藏启动压力梯度实验[J]. 新疆石油地质, 2012, 33 (2): 201-204.

[31] 孙建芳. 稠油渗流模式研究及应用[D]. 北京: 中国地质大学 (北京), 2012.

[32] 曾玉强, 刘蜀知, 王琴, 等. 稠油蒸汽吞吐开采技术研究概述[J]. 特种油气藏, 2006, 13(6): 5-9.

[33] 潘一, 付洪涛, 殷代印, 等. 稠油油藏气体辅助蒸汽吞吐研究现状及发展方向[J]. 石油钻采工艺, 2018, 40(1): 111-117.

[34] 杨戬, 李相方, 陈掌星, 等. 考虑稠油非牛顿性质的蒸汽吞吐产能预测模型[J]. 石油学报, 2017, 38(1): 84-90.

[35] 朱维耀, 李兵兵, 翟勇, 等. 稠油油藏蒸汽吞吐产能预测新模型[J]. 特种油气藏, 2017, 24(3): 64-69.

[36] Wu X, Xu A, Fan H. An integrated evaluation on factors affecting the performance of superheated steam huff and puff in heavy oil reservoirs[J]. Petroleum Exploration and Development, 2010, 37(5): 608-613.

[37] 何聪鸽, 穆龙新, 许安著, 等. 稠油油藏蒸汽吞吐加热半径及产能预测新模型[J]. 石油学报, 2015, 36(12): 1564-1570.

[38] Wan T, Wang X, Jing Z, et al. Gas injection assisted steam huff-n-puff process for oil recovery from deep heavy oil reservoirs with low-permeability[J]. Journal of Petroleum Science and Engineering, 2020, 185: 106613.

[39] 高英, 朱维耀, 覃生高, 等. 裂缝性稠油油藏水平井产能预测模型及分析[J]. 科技导报, 2015, 33(11): 34-38.

[40] 吴向红, 许安著, 范海亮. 稠油油藏过热蒸汽吞吐开采效果综合评价[J]. 石油勘探与开发, 2010, 37(5): 608-613.

[41] 朱维耀, 鞠岩, 杨正明, 等. 稠油油藏水平井、垂直井产能分析[J]. 特种油气藏, 2002, 9(2): 32-33.

[42] 倪学锋, 程林松. 水平井蒸汽吞吐热采过程中水平段加热范围计算模型[J]. 石油勘探与开发, 2005, 32(5): 108-112.

[43] 陈民锋, 郎兆新, 莫小国. 超稠油油藏蒸汽吞吐参数优选及合理开发界限的确定[J]. 石油大学学报(自然科学版), 2002, 26(1): 39-42.

[44] 赵燕, 吴光焕, 孙业恒. 泡沫辅助蒸汽驱矿场试验及效果[J]. 油气地质与采收率, 2017, 24(5): 106-110.

[45] Bagheri S R. Experimental and simulation study of the steam–foam process[J]. Energy & Fuels, 2017, 31(1): 299-310.

[46] 沈德煌, 吴永彬, 梁淑贤, 等. 注蒸汽热力采油泡沫剂的热稳定性[J]. 石油勘探与开发, 2015, 42(5): 652-655.

[47] 张雪龄, 朱维耀, 薛成国, 等. 基于分形理论的裂缝稠油油藏蒸汽驱温度分布计算[J]. 科技导报, 2014, 32(16): 49-53.

[48] Zou B Y, Pu W F, Hu X, et al. Experimental study on foamy oil flow behavior of a heavy oil-N_2 system under reservoir condition[J]. Fuel, 2020, 265: 116949.

[49] Lu X Q, Zhou X, Luo J X, et al. Characterization of foamy oil and gas/oil two-phase flow in porous media for a heavy oil/methane system[J]. Journal of Energy Resources Technology, 2019, 141(3): 032801.

[50] 庞占喜, 刘慧卿, 盖平原, 等. 热力泡沫复合驱物理模拟和精细数字化模拟[J]. 石油勘探与开发, 2012, 39(6): 744-749.

[51] 龙运前, 朱维耀, 刘今子, 等. 稠油蒸汽泡沫共混体系的流变性能研究[J]. 西安石油大学学报(自然科学版), 2012, 27(3): 54-58.

[52] 龙运前, 朱维耀, 李娟, 等. 稠油蒸气—泡沫驱不同油藏区域流体的流变特征[J]. 大庆石油学院学报, 2012, 36(2): 81-85.

[53] 冯岸洲, 张贵才, 葛际江, 等. 表面活性剂体系改善稠油油藏注蒸汽开发效果研究进展[J]. 油田化学, 2012, 29(1): 122-127.

[54] Lang L Y, Li H B, Wang X, et al. Experimental study and field demonstration of air-foam flooding for heavy oil EOR[J]. Journal of Petroleum Science and Engineering, 2020, 185: 106659.

[55] Liu P C, Wu Y B, Li X L. Experimental study on the stability of the foamy oil in developing heavy oil reservoirs[J]. Fuel, 2013, (111): 12-19.

[56] 张忠义, 周游, 沈德煌, 等. 直井-水平井组合蒸汽氮气泡沫驱物模实验[J]. 石油学报, 2012, 33(1): 90-95.

[57] 孙焕泉, 王敬, 刘慧卿, 等. 高温蒸汽氮气泡沫复合驱实验研究[J]. 石油钻采工艺, 2011, 33(6): 83-87.

[58] Yang Z P, Li X M, Liu Z C, et al. Feasibility of horizontal-well steam flooding for extra-heavy oil reservoirs[C]. International Field Exploration and Development Conference, Singapore City, 2019.

[59] 周英杰. 胜利油区水驱普通稠油油藏注蒸汽提高采收率研究与实践[J]. 石油勘探与开发, 2006, 33(4): 479-483.

[60] Pang Z X, Liu H Q, Zhu L. A laboratory study of enhancing heavy oil recovery with steam flooding by adding nitrogen foams[J]. Journal of Petroleum Science and Engineering, 2015, (128): 184-193.

[61] 吕广忠, 张建乔. 稠油热采氮气泡沫调剖研究与应用[J]. 钻采工艺, 2006, 29(4): 88-90.

[62] 绳德强. 蒸汽/泡沫提高稠油采收率技术的试验研究[J]. 钻采工艺, 1996, 19(4): 29-33.

[63] 于法珍. 边底水油藏径向钻孔配套堵水技术研究与应用[J]. 钻采工艺, 2017, 40(6): 41-44.

[64] 张凯, 龙涛, 吴义志, 等. 断块油藏高部位剩余油径向钻孔产能预测[J]. 油气地质与采收率, 2017, 24(5): 120-126.

[65] 舒刚, 张华礼, 曹权, 等. 水力喷射径向钻孔增产技术选井选层研究[J]. 钻采工艺, 2017, 40(3): 46-49.

[66] 刘柏, 李玖勇, 杨华, 等. 水力喷射径向钻孔技术在白马庙气田挖潜中的应用[J]. 钻采工艺, 2015, 38(6): 21-23.

[67] 蔡文军, 吴仲华, 聂云飞, 等. 水射流径向钻孔关键技术及试验研究[J]. 钻采工艺, 2016, 39(4): 1-4.

[68] 余海棠, 杜素珍, 俞忠宝, 等. 水力喷射径向钻孔技术的现场试验[J]. 复杂油气藏, 2013, 6(4): 62-64.

[69] 朱维耀, 贾宝昆, 岳明, 等. 薄层稠油油藏径向钻孔热采开发数值模拟[J]. 科技导报, 2016, 34(9): 108-113.

[70] 崔传智, 王秀坤, 杨勇, 等. 低渗透油藏高含水期层间径向钻孔油藏工程优化研究[J]. 油气地质与采收率, 2014, 21(5): 61-64.

[71] 陈艳玲, 胡江, 张巧莲. 垦西特稠油化学降黏机理的研究[J]. 中国地质大学学报, 1998, 2(6): 605-609.

[72] 秦冰, 彭朴, 景振华. 稠油开采用耐高温抗盐乳化降黏剂[J]. 日用化学品科学, 2000, 23(2): 128-129, 13.

[73] 韩冬, 沈平平. 表面活性剂驱油原理及应用[M]. 北京: 石油工业出版社, 2001: 159-208.

[74] 程林松, 肖双爱. 稠油油藏蒸汽-泡沫驱油数值模拟方法[J]. 计算物理, 2003, 20(5): 463.

[75] 张彦庆, 刘宇, 钱昱, 等. 泡沫复合驱注入方式、段塞优化及矿场实验研究[J]. 大庆石油地质与开发, 2001, 25(1): 46.

[76] 李和全, 廖广志, 吴肇亮, 等. 泡沫复合体系的泡沫功能模型及其应用[J]. 江汉石油学院学报, 2002, 24(1): 59.

[77] 陈国, 廖广志, 牛金刚, 等. 多孔介质中泡沫流动等效数学模型[J]. 大庆石油地质与开发, 2001, 25(2): 72.

[78] 李和全, 郎兆新, 胡靖邦, 等. 泡沫复合驱油数学模型[J]. 大庆石油学院学报, 1997, 21(3): 20.

[79] 陈国, 赵刚, 廖广志. 泡沫复合驱油三维三相多组分数学模型[J]. 清华大学学报, 2002, 42(12): 1621.

[80] 朱维耀. 交联聚合物防窜驱油组分模型模拟器[J]. 石油勘探与开发, 1994, 21(1): 56.

[81] 钱昱, 张思富, 吴军政, 等. 泡沫复合驱泡沫稳定性及影响因素研究[J]. 大庆石油地质与开发, 2001, 20(2): 33.

[82] 马宝岐. 泡沫的持有量研究[J]. 西安石油学院学报, 1994, 9(4): 48.

[83] 程浩, 郎兆新. 泡沫驱中的毛管窜流及其数值模拟[J]. 重庆大学学报, 2000, 23(S1): 161.

[84] 朱维耀. 一个改进的化学驱油组分模型模拟器[J]. 石油学报, 1992, 13(1): 58.

[85] Bachu S, Adams J J. Sequestration of CO_2 in geological media in response to climate change: Capacity of deep saline aquifers to sequester CO_2 in solution[J]. Energy Conversion and Management, 2003, 44(20): 3151-3175.

[86] Peters G, Andrew R, Boden T, et al. The challenge to keep global warming below two degrees[J]. Nature Climate Change, 2013, 3: 4-6.

[87] Le Quere C, Andres R J, Boden T, et al. The global carbon budget 1959-2011[J]. Earth System Science Data Discussions, 2012, 5(2): 107-115.

[88] van Alphen K, Noothout P, Hekkert M, et al. Evaluating the development of carbon capture and storage technologies

in the United States[J]. Renewable & Sustainable Energy Reviews, 2010, 14 (3): 971-986.

[89] Pires J C M, Martins F G, Aivim-Ferraz M C M, et al. Recent developments on carbon capture and storage: An overview[J]. Chemical Engineering Research and Design, 2011, 89 (9): 1446-1460.

[90] Mitrovic M, Malone A. Carbon capture and storage (CCS) demonstration projects in Canada[J]. Energy Procedia, 2011, 4: 5685-5691.

[91] Surridge A D, Cloete M. Carbon capture and storage in South Africa[J]. Energy Procedia, 2009, 1 (1): 2741-2744.

[92] Lackner K S. Climate change: A guide to CO_2 sequestration[J]. Science, 2003, 300 (5626): 1677-1678.

[93] Intergovernmental Panel on Climate Change. IPCC special report on carbon dioxide capture and storage[R]. Geneva: IPCC, 2005.

[94] Bachu S. Sequestration of CO_2 in geological media in response to climate change road map for site selection using the transform of the geological space into the CO_2 phase space[J]. Energy Conversion and Management, 2002, 43: 87-102.

[95] Holloway S. Underground sequestration of carbon dioxide: A viable greenhouse gas mitigation option[J]. Energy, 2005, 30 (11-12): 2318-2333.

[96] Benson S M, Cole D R. CO_2 sequestration in deep sedimentary formations[J]. Elements, 2008, 4 (5): 325-331.

[97] Zahid U, Lim Y, Jung J, et al. CO_2 geological storage: a review on present and future prospects[J]. Korean Journal of Chemical Engineering, 2011, 28 (3): 674-685.

[98] Bachu S. Sequestration of CO_2 in geological media: Criteria and approach for site selection in response to climate change[J]. Energy Conversion and Management, 2000, 41 (9): 953-970.

[99] 张二勇, 李旭峰, 何锦, 等. 地下咸水层封存 CO_2 的关键技术研究[J]. 地下水, 2009, 31 (3): 15-19.

[100] 李小春, 刘延峰, 白冰, 等. 中国深部咸水含水层 CO_2 储存优先 K 域选择[J]. 岩石力学与程学报, 2006, 25 (5): 963-968.

[101] Doughty C. Investigation of CO_2 plume behavior for a large-scale pilot test of geologic carbon storage in a saline formation[J]. Transport in Porous Media, 2010, 82 (1): 49-76.

[102] Bachu S. CO_2 storage in geological media: Role, means, status and barriers to deployment[J]. Progress in Energy and Combustion Science, 2008, 34 (2): 254-273.

[103] 彭朴. 采油用表面活性剂[M]. 北京: 化学工业出版社, 2004: 2-3.

[104] James M J, James T D. Method of removing dispersed oil from an oil in water emulsion employing aerated solutions within a coalescing media: US 5656173[P]. 1997-09-08.

[105] Sjoblom J, Urdahl O. The role of surfactants in enhanced oil recovery[J]. Industrial & Engineering Chemistry Research, 2002, 61 (1): 21-64.

[106] 泰匡宗, 郭绍辉. 石油沥青质[M]. 北京: 石油工业出版社, 2002: 21-23.

[107] 罗敬义. 辽河油田稠油集输工艺[J]. 石油规划设计, 1992, 3 (1): 48-51.

[108] 尉小明. 掺活性水替代井筒电加热开采超稠油工艺技术研究[D]. 杭州: 浙江大学, 2003.

[109] 王为民, 李恩田, 申龙涉, 等. 辽河油田含水超稠油流变特性研究[J]. 石油化工高等学校学报, 2003, 16 (2): 69-75.

[110] 范维玉, 陈树坤, 杨蒙龙, 等. 水包油乳状液稳定性研究[J]. 石油学报 (石油加工), 2001, 17 (5): 1-6.

[111] Yulianingsih R, Gohtani S. The influence of stirring speed and type of oil on the performance of pregelatinized waxy rice starch emulsifier in stabilizing oil-in-water emulsions[J]. Journal of Food Engineering, 2020, 280: 109920.

[112] 程付启, 刘子童, 牛成民, 等. 利用饱和烃降解率划分原油降解级别的方法及应用[J]. 中国石油大学学报 (自然科学版), 2022, 46 (3): 46-53.

[113] 王彪, 张怀斌, 张付生. 一种原油降凝剂的研究[J]. 石油学报, 1998, 19(2): 97-102.

[114] 韩巨岩, 王文涛, 崔昌亿. 壬基酚磺酸合成工艺研究[J]. 吉林化工学院学报, 1998, 15(1): 4.

[115] 纪佑军, 王力龙, 韩海水, 等. 泡沫在孔隙介质中的微观流动特征研究[J]. 西南石油大学学报(自然科学版), 2022, 44(4): 111-120.

[116] 包木太, 孔祥平, 宋永亭, 等. 胜利油田 S12 块内源微生物群落选择性激活条件研究[J]. 石油大学学报: 自然科学版, 2004, 28(6): 44-48.

[117] 赵栋, 张洋, 王玲, 等. 微生物采油技术综述[J]. 内江科技, 2013, (6): 150.

[118] Marchant R, Banat I M. Microbial biosurfactants: Challenges and opportunities for future exploitation[J]. Trends in Biotechnology, 2012, 30(11): 558-565.

[119] 周大林, 马东, 梁文利, 等. 微生物采油技术研究[J]. 内蒙古石油化工, 2008, (10): 203-206.

[120] 王慧. 浅谈提高油田采收率技术[J]. 中国石油和化工标准与质量, 2012, (1): 127.

[121] 刘志明, 段雅峰, 陈军, 等. 微生物对原油的作用[J]. 化学与生物工程, 2005, 22(8): 52-54.

[122] Shibulal B, Al-Bahry S N, Al-Wahaibi Y M, et al. Microbial enhanced heavy oil recovery by the aid of inhabitant spore-forming bacteria: An insight review[J]. The Scientific World Journal, 2014, 14: 1-12.

[123] 方秋珍, 曾念. 微生物采油提高采收率的研究及进展[J]. 内江科技, 2013, (2): 46-47.

[124] She H C, Kong D B, Li Y Q, et al. Recent advance of microbial enhanced oil recovery (MEOR) in China[J]. Geofluids, 2019, (4): 1-16.

[125] Liu J F, Ma L J, Mu B Z, et al. The field pilot of microbial enhanced oil recovery in a high temperature petroleum reservoir[J]. Journal of Petroleum Science and Engineering, 2005, 48(3-4): 265-271.

[126] 汪卫东, 宋永亭, 陈勇. 微生物采油技术与油田化学剂[J]. 油田化学, 2002, (3): 293-296.

[127] 秦国伟, 徐文波, 秦文龙, 等. 混合菌提高采收率技术在油田中的应用研究[J]. 西安石油大学学报: 自然科学版, 2008, 23(2): 52-54.

[128] Tang M, Zhang G, Ge J, et al. Investigation into the mechanisms of heavy oil recovery by novel alkaline flooding[J]. Colloids and Surfaces A: Physicochemical and Engineering Aspects, 2013, 421: 91-100.

[129] 包木太, 牟伯中, 王修林. 采油微生物代谢产物分析[J]. 油田化学, 2002, (2): 188-192.

[130] 王大威, 刘永建, 杨振宇, 等. 脂肽生物表面活性剂在微生物采油中的应用[J]. 石油学报, 2008, (1): 111-115.

[131] 宋智勇, 郭辽原, 袁书文, 等. 高温油藏内源微生物的堵调及种群分布[J]. 石油学报, 2010, 31(6): 975-979.

[132] Kaster K M, Hiorth A, Kjeilen-Eilertsen G, et al. Mechanisms involved in microbially enhanced oil recovery[J]. Transport in Porous Media, 2012, 91(1): 59-79.

[133] Al-Bahry S N, Al-Wahaibi Y M, Elshafie A E, et al. Biosurfactant production by Bacillus subtilis B20 using date molasses and its possible application in enhanced oil recovery[J]. International Biodeterioration & Biodegradation, 2013, 81: 141-146.

[134] 张洪林. 简论微生物采油技术[J]. 中国石油和化工标准与质量, 2013, (11): 57.

[135] 王颖, 窦绪谋, 常剑飞, 等. 微生物与三元复合驱结合提高采收率研究[J]. 石油钻采工艺, 2009, (5): 89-92.

[136] Bachmann R T, Johnson A C, Edyvean R G J. Biotechnology in the petroleum industry: An overview[J]. International Biodeterioration & Biodegradation, 2014, 86: 225-237.

[137] Kryachko Y, Nathoo S, Lai P, et al. Prospects for using native and recombinant rhamnolipid producers for microbially enhanced oil recovery[J]. International Biodeterioration & Biodegradation, 2013, 81: 133-140.

[138] Gudiña E J, Pereira J F B, Costa R, et al. Biosurfactant-producing and oil-degrading Bacillus subtilis strains enhance oil recovery in laboratory sand-pack columns[J]. Journal of Hazardous Materials, 2013, 261: 106-113.

[139] Sarafzadeh P, Niazi A, Oboodi V, et al. Investigating the efficiency of MEOR processes using Enterobacter cloacae

and Bacillus stearothermophilus SUCPM#14（biosurfactant-producing strains）in carbonated reservoirs[J]. Journal of Petroleum Science and Engineering, 2014, 113: 46-53.

[140] 孙焕泉. 胜利油田三次采油技术的实践与认识[J]. 石油勘探与开发, 2006, 33（3）: 262-266.

[141] 李阳. 陆相高含水油藏提高水驱采收率实践[J]. 石油学报, 2009, 30（3）: 396-399.

[142] 张绍东, 束青林, 张本华, 等. 河道砂常规稠油油藏特高含水期聚合物驱研究与实践[M]. 北京: 石油工业出版社, 2005.

[143] 侯健, 杜庆军, 束青林, 等. 2010. 聚合物驱宏观剩余油受效机制及分布规律[J]. 石油学报, 2010, 31（1）. 96-99.

[144] 刘慧卿. 热力采油原理与设计[M]. 北京: 石油工业出版社, 2013.